청소년을 위한 해양생물 체험학습 도감

제주바다

홍승호 · 오상철

도서출판
한글

머리말

바다는 생명의 고향이자 육상생물로의 진화가 이루어진 요람이기도 합니다. 그런 만큼 바다는 생명을 잉태하여 성장시킨 어머니의 품만큼 포근한 보금자리입니다. 그럼에도 불구하고 우리가 바다에 대해서 알고 있는 것은 그리 많지 않을 것입니다.

제주바다는 난대성 해류의 영향으로 다양한 해양생물들이 살고 있는 청정바다입니다. 그러나 최근 제주바다는 개발로 인한 파괴와 해양오염이 증가하고 있으며, 해양생물의 수도 줄어들고 있습니다. 이처럼 해양생태계의 변화와 파괴는 급기야 인간 생존에 위협을 초래할 수 있다는 것을 알려주는 신호인 것입니다. 우리는 이 아름다운 청정 제주바다를 후손에게 물려주기 위해서는 지금부터라도 바다에 대한 인식을 새롭게 해야 하겠습니다.

지금까지 해양생물 도감이나 체험학습을 위한 서적들은 주로 어류나 패류에 대한 내용으로 집중되어 있어서 바다의 전반적인 해양생물을 이해하는 데에는 부족함이 있었습니다. 이 해양생물 학습도감은 일선 학교에서 지도하고 있는 교사나 청소년들, 가족 단위의 바다 체험학습을 하고자 하는 사람들을 위하여 조간대의 해조류와 저서동물, 바닷가식물, 해양생태계와 환경오염 등을 대상으로 가급적 쉽게 접근할 수 있도록 만들었습니다. 이를 위하여 생물의 표본과 생태 사진을 되도록 많이 제시하였으며, 다소 생소한 생물학 용어에 대해서도 자세하게 설명하였습니다. 그러나 일부 해양생물의 구조나 명칭에 있어서는 어려운 내용도 있습니다. 이러한 점은 장차 쉬운 용어로 바꾸어 가도록 하겠습니다. 또한 조간대의 생물상을 조사하는 과정에서 아주 작아 눈에 띄기 어렵거나 채집되지 않는 종들도 많으리라 생각되어 이에 대해서도 추가해 나가도록 하겠습니다.

이 학습도감을 제작하는 과정에서 동정된 연체동물을 일일이 확인하여 주시고, 외국 도감 및 소장되어 있는 귀중한 국내, 국외 표본을 보여주신 민패류연구소의 민덕기 소장님께 심심한 사의를 표합니다. 이를 통하여 한국미기록종인 분홍입주름뿔고둥과 분홍입작은수정고둥을 동정할 수 있었음은 큰 수확이었다고 생각됩니다. 아울러 해조류의 동정에 도움을 준 김병석 선생님께 감사를 전합니다.

무엇보다 어려운 사정에도 불구하고 출간하여 주신 도서출판 한글의 심혁창 사장님, 세기문화사의 신우준 대표 이하 임직원 여러분께 심심한 감사를 드립니다.

저자

목 차

제 1 장 바다의 환경
1. 바다 - 생명의 고향
2. 바다는 어떤 역할을 하는가.
3. 우리가 알아야 할 바다 환경의 용어들
4. 우리나라의 바다 환경
5. 제주도의 바다 환경

제 2 장 해양 저서무척추동물
1. 해양 저서무척추동물
2. 조간대의 저서무척추동물들이 사는 환경
3. 조간대 저서무척추동물의 특징
4. 제주바다에 사는 조간대의 저서무척추동물
체험학습 활동지

제 3 장 조간대의 해조류
1. 해조류의 특성
2. 해조류의 종류
3. 해조류가 사는 환경
4. 해조류의 이용
5. 제주바다 조간대의 해조류
체험학습 활동지

제 4 장 바닷가식물
1. 바닷가식물의 특성
2. 바닷가식물이 자라는 환경
3. 제주도의 바닷가식물
체험학습 활동지

제 5 장 해양생태계와 환경오염
1. 해양생태계
2. 제주바다의 환경오염
3. 개발과 보전
체험학습 활동지

부록
1. 체험학습 지도상의 유의점
2. 해양생물 채집 및 표본 만들기

참고문헌

해양생물 이름 찾기

제1장

바다의 환경

바다는 오래전부터 우리에게 식량자원을 공급해 왔으며, 먼 곳으로 이동하기 위한 교통 통로로 이용되어 왔습니다. 그럼에도 불구하고 우리는 실제로 바다에 대하여 얼마나 알고 있습니까. 아마도 이 물음에 대하여 자신있게 답할 수 있는 사람은 적을 것입니다. 왜냐하면 우리가 항상 접하고 생활하는 공간이 바다가 아닌 육지이기 때문입니다. 그래서 바다는 늘 우리와 떨어져 있고, 바다를 끼고 있는 어촌의 사람들이 가까이 할 수 있는 공간 정도로 생각해 왔던 것이 사실입니다. 이제 떨어져 있긴 하지만 알고 보면 우리의 생활과 매우 밀접하게 관련되어 있는 바다에 대해서 알아보도록 하겠습니다.

1. 바 다 - 생명의 고향

지구는 약 45억 년 전에 만들어 졌다고 합니다. 이 원시지구에서도 바다는 존재하였을까요. 학자들의 의견이 다르기는 하지만 대기의 성분이 지금과는 많이 다른 원시지구의 초기에는 오늘날과 같은 바다는 없었을 것으로 여겨집니다. 그러던 중 원시지구가 식어가면서 방출된 수증기와 원시대기가 합쳐져 냉각된 후 물이 생기고, 이것이 지표로 떨어져 바다가 생성된 것으로 추측하고 있습니다. 이러한 일은 원시지구가 생기고 난 후 5억년이 지난 약 40억 년 전에 일어난 것으로 보고 있습니다.

초기 원시생물의 기원에 대해서도 학자마다 의견이 다르긴 합니다만 신빙성 있게 받아들여지고 있는 설로 원시생명체는 물, 즉 바다에서 만들어졌다는 것입니다. 오파린(Oparin, A. I)은 원시생명체의 기원에 대해 다음과 같은 가설을 내놓았습니다. 먼저 바닷물의 증발로 인한 기체와 원시대기가 합쳐져 냉각된 후 비를 만들게 됩니다. 육지에 내린 비는 암석과 같은 물질을 녹여 바다로 흐르게 됩니다. 자외선이나 번개 등과 같은 강한 에너지는 바다로 흘러들어간 물질과 반응하여 간단한 유기물인 아미노산이나 단당류를 만들고, 이들은 서로 결합하여 단백질이나 탄수화물과 같은 복잡한 유기물들을 만들어 냈습니다. 이렇게 생성된 복잡한 유기물들이 얇은 막을 형성하여 코아세르베이트(coacervate)라는 단세포 생물이 약 35억 년 전에 탄생된 것으로 추측하고 있습니다. 실제로 밀러(Miller, S)는 원시대기와 비슷한 조건에서 방전 실험을 행하여 아미노산을 합성해 내는데 성공함으로써 이를 증명하였습니다.

이렇게 바다에서 생긴 초기의 단세포 원시생명체가 다세포 생물로 진화하게 되고, 지각변동으로 인하여 바다였던 곳이 육지로 되면서 바다의 다세포 생물이 육상의 다세포 생물로 진화해 온 것이 오늘날의 생물 분포라고 생각됩니다. 그런 만큼 생명체의 고향은 바다라고 할 수 있으며, 육상생물로의 진화가 이루어진 장소로서도 큰 역할을 담당하였습니다. 바다에서 생명이 시작되었다는 또 다른 증거들은 육상동물들의 체액 조성이 해수의 성분과 비슷하고 여러 동물들의 발생초기 과정이 수중동물의 것과 유사하다는 점, 지금까지 알려진 가장 오래된 화석이 바다의 생물이라는 점, 생물체의 구성 성분 중 약 70% 정도가 물로 이루어져 있다는 점 등을 들 수 있습니다.

오늘날 여러 가지 면에서 우리에게 익숙한 육상생물의 모습도 바다의 생물을 보고 있노라면 비슷한 점이 너무나도 많이 발견됩니다. 다만 살고 있는 환경과 발달된 정도가 다를 뿐입니다. 따라서 우리가 생명의 시작점이라고 생각되는 바다를 잘 이해해야 하는 이유도 여기에 있는 것입니다.

2. 바다는 어떤 역할을 하는가.

바다는 지구 표면의 약 71% 정도를 차지하고 있습니다. 이처럼 넓은 면적을 차지하고 있음에도 불구하고 육지보다 접근하기 어렵다는 이유로 바다가 갖고 있는 무한한 가능성을 모르고 지나갈 때가 많습니다. 바다의 존재는 무엇인가요. 이 물음에 우리는 크게 세 가지 측면에서 생각해 볼 수 있습니다.

첫째, 바다에 살고 있는 해양생물에서 식량자원을 얻을 수 있습니다. 서귀포 패류 화석층에서도 알 수 있듯이 인간은 오래전부터 해양생물을 식량자원으로 이용해 왔습니다. 이러한 생물들은 주로 어류, 패류, 갑각류, 해조류들로서 단백질, 지방 및 여러 가지 무기염류 등을 공급해 줍니다. 현재 우리가 얻는 식량의 약 10% 정도가 바다에서 얻고 있다고 하지요. 아울러 해수에서 우리 생활에 필요한 소금과 같은 염류를 얻을 수 있습니다. 장차 육상의 식량자원들이 고갈되면 바다는 무한한 식량 공급원으로서의 큰 역할을 할 것임은 분명합니다. 그런 이유로 우리는 지금부터라도 바다에 살고 있는 생물에 대해서 많은 관심을 가져야 하겠습니다.

▲ 서귀포층의 패류화석

▲ 식용으로 이용되는 게

▲ 해산물을 캐는 해녀

▲ 바다 고기를 말리는 모습

▲ 과거에 제주도에서 소금을 만들던 편평한 바위

둘째, 바다는 거대한 에너지 자원의 보고입니다. 대륙붕에서는 석유, 천연가스 및 다이아몬드나 금과 같은 여러 가지 광물자원, 깊은 해저에서는 망간과 석유자원 등을 얻을 수 있습니다. 또한 조석의 차를 이용한 조력발전, 파도를 이용한 파력발전, 해류를 이용한 해류발전 등이 가능하여 미래의 에너지 대체 자원으로 주목받고 있습니다. 뿐만 아니라, 화력발전이나 원자력발전, 석유화학 공업 등에 공업용 냉각수로 해수를 이용하거나 염화나트륨, 마그네슘, 브롬 등과 같은 공업원료를 얻어서 의약품 재료나 비료 등으로 이용하기도 합니다. 최근에는 점차 고갈되어 가는 담수를 대체할 수 있는 해수의 담수화 사업이나 해수에서 금이나 우라늄 등과 같은 광물을 추출하는 연구가 진행되고 있습니다. 이처럼 바다는 얼마든지 재사용이 가능하고 고갈될 염려가 없으며 공해가 없는 무한한 자원입니다. 육상의 에너지 자원이 점차 고갈되면서 미래의 대체 에너지 자원 공급을 위해 여러 나라에서 바다를 활용하기 위한 첨단기술의 개발에 박차를 가하고 있습니다.

▲ 바다바람을 이용한 풍력발전(구좌읍 월정리)

셋째, 바다는 지구의 온도를 일정하게 유지시켜 줍니다. 적도 부근의 해수면은 태양의 복사열로 인해 온도가 높고 고위도로 올라갈수록 온도가 낮아집니다. 이와 같은 해수면의 온도차는 해수의 순환을 일으키게 하고, 이와 더불어 바다는 높은 이산화탄소 농도를 가지고 있어서 지구의 온도를 일정하게 유지시켜 주는 역할을 합니다.

3. 우리가 알아야 할 바다 환경의 용어들

바다를 제대로 이해하기 위해서는 이와 관련된 용어들의 뜻을 먼저 알아둘 필요가 있습니다.

◆ 염 분

바닷물의 맛을 보면 우리는 짠맛을 느낍니다. 그 이유는 염화나트륨(소금)과 같은 각종 염분들이 녹아 있기 때문이죠. 이러한 염분들 중 염화나트륨이 85%를 차지합니다. 어떻게 염분이 바닷물에 녹아 있는 것일까요. 지구가 탄생한 이후 오랜 세월동안 많은 비가 내렸으며, 지표의 여러 가지 물질들 중에서 물에 녹기 쉬운 물질들이 씻겨 바다로 흘러들어 갔고, 그 물질들 중에서 가장 많은 것이 염분이기 때문입니다.

염분은 해수 1kg에 녹아 있는 염류들의 양으로 나타내며, 천분율(‰)로 표시하고 '퍼어밀'이라고 읽습니다. 전 세계 바다의 평균염분은 35‰ 정도 됩니다. 즉, 해수 1kg에 평균 35g 정도의 염분이 녹아 있다는 뜻입니다. 해양생물의 염분 변화에 대한 적응 정도는 종에 따라 다르며, 염분의 농도가 생물이 적응하기 힘들 정도로 심하게 높아지거나 낮아지면 결국 생물들이 죽게 됩니다.

비록 바다에 따라 염분의 농도는 약간씩 다르긴 하나 염의 구성비는 일정합니다. 다시 말해서 해수는 우리가 알고 있는 거의 모든 원소가 녹아 있으며, 그 중에서도 염소, 나트륨, 황산염, 마그네슘, 칼슘, 칼륨 등이 99.36%를 차지하고 있기 때문에 어느 바다에서나 염의 구성비는 일정하다는 뜻입니다.

여기서 한 가지 알아 둘 것은 해수의 화학 성분들은 육상동물의 체액과 비슷하다는 점입니다. 이러한 것은 생명의 기원이 바다였음을 알려주는 한 가지 증거가 되는 것입니다.

◆ 해 수

그렇다면 지구의 물 중에서 해수가 차지하는 비율은 얼마나 될까요. 해수의 비율은 자그마치 약 99%를 차지하며 담수는 1% 정도밖에 되지 않습니다. 여기서 해수나 담수의 뜻은 무엇일까요. 해수나 담수의 의미는 염분의 농도에 의해서 결정되는데, 해수는 염분이 17‰ 이상인 지역의 물을 말하고, 담수는 염분이 0.5 ‰이하인 물을 뜻하는 것으로 주로 하천이나 강, 호수의 지역의 물이 여기에 속합니다. 또한 기수라는 용어도 있는데, 기수는 해수와 담수 사이의 염분 농도로서 염분이 0.5‰ ~ 17‰인 강과 바다가 만나는 하구 지역의 물이 해당됩니다. 이 기수지역은 밀물과 썰물에 따라 염분의 변화폭이 크기 때문에 광염성 생물, 즉 염분의 변화에 대해 내성이 강한 해양생물들만이 살아갈 수 있으며, 영양염류도 풍부하여 철새들이 많이 찾는 지역이기도 합니다.

▲ 기수지역의 갈대밭

▲ 기수지역에서 겨울을 나는 철새들

♦ 조 석

여러분은 바다에 갔을 때 바닷물이 육지 쪽으로 밀려와 있거나 아니면 바다 쪽으로 빠져 나간 것을 보았을 것입니다. 바닷물은 하루에 밀물(만조)과 썰물(간조)이 2회씩 반복됩니다. 이러한 현상을 조석주기라고 합니다. 썰물이 오고 다음 썰물이 오는 시간은 12시간 25분 정도 걸립니다. 따라서 하루에 50분 정도 밀물과 썰물 시간이 늦어지게 되는 거죠.

그렇다면 왜 밀물과 썰물 현상이 생기는 것일까요. 그 이유는 주로 달이 지구에 대하여 끌어당기는 힘, 즉 인력 때문입니다. 물론 태양도 영향을 주기는 합니다만 멀리 떨어져 있는 관계로 인력이 약하여 그리 큰 영향은 주지는 못합니다. 달과 태양이 일직선상에 있을 때, 즉 보름이나 그믐일 때 인력이 최대가 되므로 가장 멀리 바닷물이 빠져 나가는 현상을 볼 수 있으며(사리 또는 대조), 반달인 상현이나 하현에는 달과 태양이 수직으로 배치되기 때문에 인력이 약하여 바닷물은 얼마 빠져 나가지 못합니다(조금 또는 소조).

♦ 해 류

바닷물은 멈추어 있는 것처럼 보이지만 사실은 어느 방향으로 일정하게 흐르고 있습니다. 이러한 바닷물의 이동을 해류라고 하고 적도 위쪽으로는 시계방향으로, 적도 아래쪽으로는 반시계방향으로 흐릅니다. 해류가 생기는 원인은 여러 가지가 있는데, 바람의 영향이 가장 크고 다음으로는 해저 지형이나 해수의 밀도차를 들 수 있습니다. 해류 중 난류는 적도에서 고위도 지방으로 흐르는 해류를 의미하는 것으로 수온이 높고 염분이 많습니다. 반면에 한류는 수온이 낮고 염분이 적으며, 고위도에서 적도 쪽으로 흐르는 해류입니다.

♦ 수 온

수온은 해양생물이 살아가는데 큰 영향을 미치게 됩니다. 그런데 해양은 육상환경에 비하여 온도 차이가 크지 않습니다. 그 이유는 해수가 갖는 높은 비열(물질 1그램의 온도를 1℃ 올리는 데 드는 열량과 물 1그램의 온도를 1℃ 올리는 데 드는 열량과의 비율을 말하며, 물의 비열이 모든 물질 가운데 가장 큼) 때문입니다. 다음 그림에서 알 수 있듯이 수심이 깊어감에 따라 급격한 수온 변화를 보이는 지역을 수온약층이라고 합니다. 이 수온약층을 경계로 위에 있는 표층수는 수온이 높고 밀도가 낮으며 수온약층 아래에 있는 심층수는 수온이 낮고 밀도가 높아 두 수온층은 섞이지 않게 되어 해양생물의 분포에 영향을 주는 것으로 알려져 있습니다. 특히 조간대나 연안해역인 경우는 기온의 일교차에 따라 수온이 크게 변하게 되므로 수온의 변화에 대해 내성이 강한 광온성 생물만이 살아갈 수 있습니다.

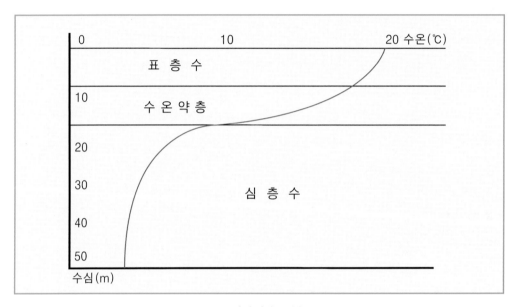

▲ 바다의 수온 분포

♦ 조간대

조간대란 밀물 때에는 바닷물에 잠기고 썰물 때에는 공기에 노출되는 지역을 말하며, 수면의 높이에 따라 조간대 상부, 중부 및 하부로 나뉩니다. 조간대 상부란 밀물 때에 바닷물에 덮이거나 노출된 지역을 말합니다. 즉 최고로 바닷물이 들어올 때의 최고고 조선과 평균적으로 물이 들어올 때의 평균고조선 사이의 구역을 의미합니다. 조간대 중부는 평균적으로 물이 들어오는 평균고조선과 물이 빠지는 평균저조선 사이를 말하는 것으로 조간대 중 가장 넓은

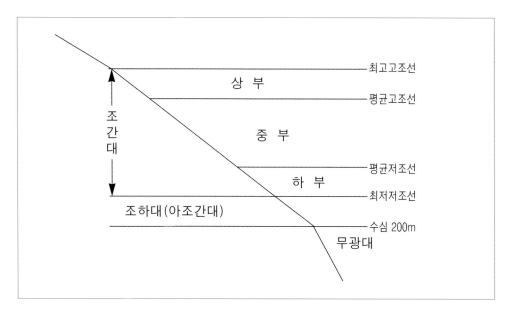

▲ 해안의 수직 구분

구역을 차지합니다. 조간대 하부는 썰물이 최대로 빠져 나간 지역이거나 바다쪽으로 거의 물에 잠겨 암석의 일부가 수면위로 나와 있는 지역을 의미합니다.

또한 바닥의 종류에 따라 암반 조간대, 모래 조간대, 펄 조간대 등으로 나눌 수 있으며, 제주도의 조간대는 암반이 차지하고 있는 곳이 제일 많습니다. 조간대는 빗물에 씻겨 내려온 육상의 물질들이 유입되기도 하고 밀물에 의한 해양의 물질들이 밀려오기도 하며, 썰물 때는 오랜 시간 동안 공기 중에 노출됨으로서 이곳에서 살아가는 생물은 심한 스트레스를 이겨내야 하는 곳입니다. 그런 만큼 바다의 다른 지역보다 다양한 생물 종들이 서식하는 곳이기도 합니다. 따라서 인위적으로 조간대를 훼손하게 되면 육지와 바다의 생태계에 심각한 영향을 미칠 수 있습니다.

◆ 조수웅덩이

조수웅덩이란 썰물 때에 바닷물이 빠져 나가도 바닷물이 남게 되는 곳으로 조수못이라고도 합니다. 보잘 것 없어 보이는 이 작은 웅덩이에서도 바다의 작은 생태계라고 불릴 만큼 매우 다양한 생물들을 관찰할 수 있는 곳입니다.

▲ 조간대 상부

▲ 조간대 중부

▲ 조간대 하부

▲ 다양한 생물들을 관찰할 수 있는 조수웅덩이

4. 우리나라의 바다 환경

삼면의 바다로 둘러싸인 우리나라의 지정학적 위치를 놓고 볼 때 바다는 우리에게 무한한 자원과 희망을 주는 존재임에는 분명합니다. 이제 우리나라의 바다 환경에 대해 알아보겠습니다.

우리나라에 영향을 주는 주요 해류로는 쿠로시오 해류와 리만 해류를 들 수 있습니다. 쿠로시오 해류는 동중국해에서 갈라져 황해 난류, 동한 난류, 쓰시마 난류 등을 형성하며, 리만 해류는 시베리아 연안에서 형성되어 동해로 들어와 북한 한류로 이어집니다.

동해는 쓰시마 난류, 동한 난류, 리만 한류, 북한 한류의 영향을 받으며, 이러한 해류들이 만나는 곳에는 플랑크톤이나 영양염류가 풍부하여 어장이 형성되는 경우가 많습니다. 황해는 황해 난류가 흐르고 조석간만의 차이가 큽니다. 이러한 이유로 겨울철에는 북서계절풍의 영향으로 남하하는 연안 해류에 의해서 황해 난류는 난류로서 영향을 미치지 못합니다. 남해는 주로 쓰시마 난류가 흐르며 조석간만의 차이가 그다지 크지 않습니다.

또한 해류는 인근 지역의 기후에도 영향을 줍니다. 겨울철의 동해안은 동한 난류의 영향

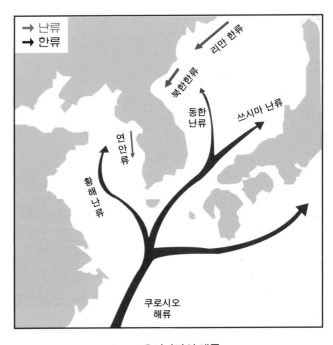

▲ 우리나라의 해류

으로 같은 위도의 서해안 지역보다 비교적 따뜻합니다. 하지만 여름철에는 북한 한류가 내려와 냉각되어 안개가 자주 발생하며, 농작물에 냉해를 입히기도 합니다. 황해는 찬 연안류가 내려와 서해안의 북부 지방은 강수량이 적고, 다도해 지역에는 안개를 발생시키기도 합니다. 남해는 쓰시마 난류의 영향으로 겨울에도 다른 지역에 비해 기온이 높습니다.

 우리나라의 해수는 강수량이 많은 여름에 염분이 낮고, 강물의 유입이 많은 황해는 계절에 관계없이 염분이 가장 낮습니다. 수심이 얕고 대륙의 영향을 받는 황해는 수온의 연교차가 가장 크며, 쿠로시오 해류의 영향을 받는 남해와 동해 중남부는 수온의 연교차가 비교적 적습니다. 동해는 위도와 평행한 수온 분포를 보이며 북부 해역으로 갈수록 수온의 연교차가 큽니다.

5. 제주도의 바다 환경

 제주도는 위도 33°, 경도 126 ~ 127°의 한반도 최남단에 위치한 섬입니다. 해안선의 총 길이는 253km 이며 9개의 유인도와 40여개의 무인도로 이루어져 있습니다. 제주도의 해역은 주로 쿠로시오 난류와 황해 연안해류의 영향을 동시에 받아 다양한 해양생물이 살고 있습니다. 제주도 연안 해수의 염분농도는 전 세계 해수의 평균 염분농도와 비슷한 34‰ 정도이며, 연안의 일부 암반지역에서는 담수용천수가 용출됨으로서 단물을 얻을 수 있습니다. 이 때문에 제주도의 마을들은 해안선의 용천수를 따라 형성된 특이한 면을 가지고 있습니다.

 제주도는 50-200만 년 전에 화산활동이 있었던 까닭에 다른 어느 지역보다도 특이한 해안지형을 갖고 있습니다. 따라서 제주도의 해양생물을 이해하기 위해서는 해안의 지형에 대해서도 알아둘 필요가 있습니다. 여기서는 조간대의 해안 지역에 국한하여 대표적인 몇 가지 해안의 종류에 대해서 설명하겠습니다.

 제주도 해안에서 가장 많이 볼 수 있는 암석은 구멍이 많이 뚫린 다공질 현무암입니다. 이는 화산활동 때 지표로 분출된 마그마가 흘러내려 바닷물과 만남으로서 급격히 굳어져 생성된 것으로 시간이 지나면서 암석의 내부에 있는 물이 증발되면서 구멍이 생긴 것입니다. 우리

▲ 바닷가의 용천수

가 가장 흔히 볼 수 있는 해안은 이러한 암석들이 해안에 노출된 암석해안입니다.

▲ 구멍이 뚫린 다공질 현무암

▲ 암석 해안

또한 파도에 의해 암석이 부서져서 모난 돌로 구성된 모난 자갈해안이나 둥글게 갈아진 돌로 구성된 둥근 자갈해안을 볼 수 있으며, 해안의 암석이 침식되거나 하천에서 유입된 둥근 모래에 의해서 생기는 모래해안, 패류의 껍데기가 부서져 각진 모래에 의해서 생기는 패사해안 등을 들 수 있습니다. 특히 우도에서는 산호가 부서져 생긴 산호 모래해안을 볼 수 있습니다.

▲ 모난 자갈 해안

▲ 둥근 자갈 해안

▲ 모래 해안

▲ 패사 해안

▲ 산호 모래 해안(우도)

　　제주도 해안에 원담이라는 재미있는 것이 있습니다. 원담은 사람들에 의해 만들어졌는데 밀물 때 어류가 들어왔다가 썰물이 되면 돌담 때문에 빠져나가지 못하게 만든 우리 조상들의 지혜를 엿보게 하는 곳이기도 합니다.

▲ 돌로 쌓은 원담

사면의 바다로 둘러싸인 제주도는 조선시대까지만 해도 한반도로부터 고립되고 격리된 지역이었습니다. 그러던 곳이 교통수단의 발달로 육지에서 제주도까지 한 시간 이내의 생활권에 접어들면서 제주도를 찾아오는 관광객들이 많아졌습니다. 특히 주 5일제 근무나 수업으로 가족 단위의 관광객들이 많아지면서 청소년들에게 또는 가족들에게 바다의 생물에 대한 체험학습을 해 보는 것도 관광 못지않게 유익한 기억으로 남게 될 것입니다. 그리고 제주도에 살고 있는 청소년들에게도 바다와 자주 접할 수 있는 지역적 잇점을 갖고 있다는 점에서 해양생물 체험학습은 무엇보다도 권장되는 일이기도 합니다. 그러므로 바다는 우리 생활의 터전인 동시에 정서적으로도 아름다움을 느끼기에 충분한 곳이라고 할 수 있습니다.

▲ 천연기념물인 문주란 자생지(구좌읍 토끼섬)

▲ 바다새의 쉼터

제 2 장

해양 저서무척추동물

1. 해양 저서무척추동물

　우선 해양 저서무척추동물이라는 용어가 낯설지 않나요. 해양생물을 나눌 때 생활 방식에 따라 크게 부유생물, 유영생물, 저서생물로 구분합니다. 먼저 저서생물은 바다 밑의 바위나 돌에 붙어살거나 모래와 펄과 같은 바닥에서 평생 동안 또는 일생의 어느 시기 동안 살아가는 생물들을 말합니다. 부유생물은 워낙 작은 플랑크톤들이 여기에 속하는데 물의 흐름에 따라 떠다니는 생물을 뜻합니다. 그리고 고등어나 조류같은 어류, 문어나 오징어와 같은 연체동물은 혼자 헤엄쳐 다닐 수 있기 때문에 유영생물이라고 합니다. 따라서 해양 저서무척추동물은 바다의 바닥에서 살면서 헤엄을 못치고 뼈가 없는 동물을 의미하는 것입니다. 해양 저서무척추동물의 대부분은 해양생태계에서 1차 소비자 또는 2차 소비자로서의 역할을 담당합니다.

　저서생물들은 바위나 돌, 모래, 펄과 같은 해저지형과 공기에 대한 노출 등으로 부유생물이나 유영생물과는 달리 훨씬 다양한 생물로 구성되어 있습니다. 저서생물들은 한 곳에 고정하여 살거나 제한된 범위 내에서 느린 이동을 할 수 밖에 없어서 환경에 대한 다양한 적응력을 보이며 부유생물이나 유영생물과는 다른 형태와 습성을 나타냅니다. 그러한 이유로 저서동물에 대한 지식은 그 지역의 해양환경을 이해하는데 도움이 됩니다.

　여러분이 조간대의 바닷가에서 현미경적 크기의 부유생물과 어류 같은 유영생물은 직접 관찰하기 어렵기 때문에 본 교재에서 제외하였습니다. 대신에 조간대의 해양 저서무척추동물 중에서 가장 쉽게 관찰할 수 있는 동물들을 주로 소개하기로 하겠습니다.

2. 조간대의 저서무척추동물들이 사는 환경

◆ 조간대 상부에서 사는 저서무척추동물

　조간대 상부는 저서무척추동물들이 서식하기에 쉽지 않고, 생물의 종수도 그리 많지 않습니다. 그 이유는 썰물 때가 되면 오랜 시간동안 공기중에 노출되어 있어서 뜨거운 햇빛을 견뎌내야 하고 먹이를 구하기가 힘들어 생존하기란 쉽지 않기 때문입니다. 이러한 척박한 환경속에서 그들은 바위나 돌 틈에 단단히 붙어살아 가거나 모래사장이나 갯벌인 경우는 구멍을 파고 들어가 밀물이 올 때까지 시간을 보내야 합니다. 바위틈에 들어가 고착하여 사는 종들은 썰물이 되어도 약간의 수분을 간직하고 있기 때문에 그나마 생존이 가능하고, 이보다 환경이 조금 나은 곳인 조수웅덩이에서는 썰물이 되어도 바닷물이 여전히 고여 있어서 다양한 생물을 관찰할 수 있습니다.

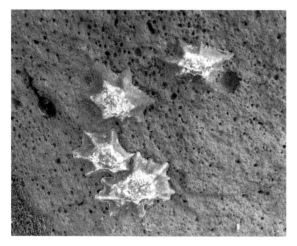

▲ 조간대 상부의 테두리고둥의 무리

▲ 조간대 상부에 게가 파 놓은 구멍들

◆ 조간대 중부에서 사는 저서무척추동물

조간대 중 가장 넓은 부분인 조간대 중부에서는 다양한 저서무척추동물들을 만날 수 있습니다. 이 지역에서는 조간대 상부처럼 바위나 돌 틈에 붙어사는 종도 있으나, 대부분은 바닥이나 돌 밑에 몸을 숨기고 있는 종들이 많습니다. 그 이유는 썰물로 인하여 공기중에 노출되기 때문에 수분을 유지하고 천적으로부터 자신을 보호하기 위해서 입니다. 그래서 이 지역을 조사할 때에는 돌을 뒤집어 보면 많은 종류의 저서무척추동물들을 관찰할 수 있습니다. 또한 저서무척추동물들의 몸 색깔은 돌과 비슷한 보호색을 갖는 종류들이 많습니다. 이 역시 천적으로부터 자신을 보호하기 위한 위장술이기도 합니다. 이 지역에 사는 저서무척추동물은 주로 바위나 돌 틈에 붙어사는 군부류, 배말류, 고둥류 등이고, 조개류들은 모래나 자갈 밑에 비집고 들어가 삽니다.

▲ 조간대 중부의 고착성 무척추동물들　　　▲ 죽은 패류 껍질들이 밀려온 모습

◆ 조간대 하부에서 사는 저서무척추동물

　　조간대 하부는 썰물이 되어도 공기에 노출되는 시간이 짧기 때문에 다양한 저서무척추동물들이 분포하며 크기도 대형인 생물들을 볼 수 있습니다. 대표적인 예로는 고둥류, 성게, 비단군부 등을 들 수 있습니다.

▲ 조간대 하부의 비단군부

　　한편 우리가 쉽게 접근할 수 없는 조간대 하부보다 깊은 바다에 서식하는 저서동물들은 파도에 의해 밀려온 패류들의 껍데기를 수집하여 조사해 보면 쉽게 알 수 있습니다.

▲ 조간대 하부보다 깊은 바다에 사는 처녀게오지

2. 조간대 저서무척추동물의 특징

여기서는 조간대에서 쉽게 접근할 수 있는 저서무척추동물에 국한하여 설명하겠습니다.

◆ 해면동물

해면동물은 여러 동물 무리 가운데 가장 하등한 동물로서 몸체가 스폰지(sponge) 같이 물렁물렁하며 물을 간직하고 있어 붙여진 이름입니다. 주로 돌에 부착하여 살며 손으로 누르면 물이 스며 나옵니다. 몸에 나 있는 수많은 작은 구멍인 입수공(소공)을 통하여 떠다니는 플랑크톤을 물과 함께 체내로 흡수하여 먹이로 취하고 큰 구멍인 출수공(대공)을 통하여 배설물을 내보냅니다. 해면동물은 종류마다 색깔을 달리하는 것이 많아 그 색깔을 따서 붙여진 이름들이 많습니다. 이를테면 황색해변해면이나 보라해면과 같은 예가 그렇습니다. 과거에는 암석에서 떨어져 해안가로 밀려온 해면을 가지고 청소 도구로 이용한 적이 있었습니다.

▲ 해면동물(보라해면)

▲ 바닷가로 밀려온 죽은 해면(청소 도구로 쓰였음)

♦ 자포동물

▲ 자포동물(갈색꽃해변말미잘)

자포동물은 먹이를 쏘는 촉수가 있다고 하여 붙여진 이름으로 독이 있고 내부에는 강장이 있어서 강장동물로도 불립니다. 촉수로 떠다니는 부유성 플랑크톤을 입수공을 통하여 강장으로 들여보내고 소화한 후 다시 강장에서 출수공을 통하여 내보내게 됩니다. 다시 말해서 입이 항문의 역할까지 하는 셈입니다. 자포동물은 생활방식에 따라 말미잘형과 해파리형이 있는데, 말미잘형은 말미잘과 히드라처럼 고착생활을 하고 해파리형은 해파리처럼 유영생활을 합니다.

♦ 편형동물

몸이 매우 납작하고 좌우로 대칭을 이루는 동물의 무리를 가리켜 편형동물이라고 합니다.

이렇게 납작한 몸을 가진 이유로 이들은 돌이나 바위 사이를 자유롭게 이동할 수 있어서 적으로부터 보호받을 수 있는 장점이 있습니다. 대부분 낮에는 돌 밑에 납작하게 붙어 숨어 있다가 밤에 나와서 활동하는 야행적 습성을 갖습니다. 몸 전체에는 섬모가 나 있으며 특히 바닥과 접하는 면은 더 많은 섬모를 갖고 있어서 기어 다니는데 이용합니다. 이 동물 무리에서부터 앞뒤가 구분되며 원시적인 신경계가 나타난다는 점에서 진화적으로 중요한 위치를 차지하고 있습니다.

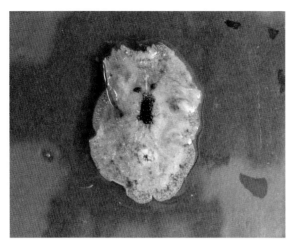

▲ 편형동물(민무늬납작벌레)

◆ 유형동물

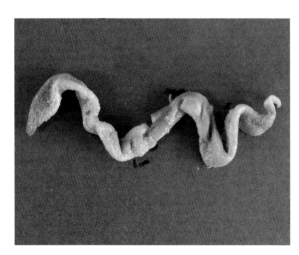

▲ 유형동물(연두끈벌레)

유현동물은 끈모양의 몸체를 갖고 있다고 하여 붙여진 이름으로 끈벌레류로도 불립니다. 몸은 좌우대칭으로 암수한몸입니다. 바다의 바닥에서 주로 생활하며 몸이 수축될 때에는 짧고 굵은 모습을 취하고 늘어나면서 이동하게 됩니다. 몸 전체는 끈끈한 점액이 덮고 있어서 잡거나 건드리면 점액질을 내보내어 방어하게 됩니다. 주로 바닥의 무척추동물을 먹이로 취하는 육식성으로 주둥이는 평소에 몸속에 들어가 있다가 먹이가 나타나면 밖으로 길게 뻗어 나옵니다.

◆ 성구동물

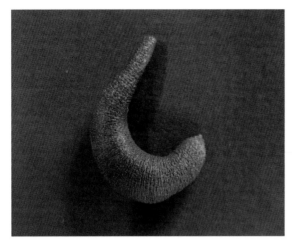

입부분의 촉수를 펼치면 별모양을 하고 있다고 하여 붙여진 이름으로 별벌레라고도 합니다. 몸통은 짧고 통통한 관처럼 보이며 입부위는 가는 모양을 취합니다. 사는 곳은 바위 틈이나 돌 밑, 해조류의 부착기 사이, 패류의 껍질 등 다양합니다. 이 동물 무리는 많은 종류들이 알려져 있지 않으며 낚시의 미끼로 이용되기도 합니다.

▲ 성구동물(상어껍질별벌레)

◆ 연체동물

연체동물은 연한 몸을 갖고 있다고 하여 붙여진 이름입니다. 조간대에 가면 가장 흔하게 접할 수 있는 동물의 무리로서 종류에 따라 껍질이 1개, 2개, 8개인 것이 있고 근육질의 다리 모양이나 위치 등 아주 다양한 형태를 갖고 있습니다. 치설이 발달하여 먹이를 먹는데 사용되

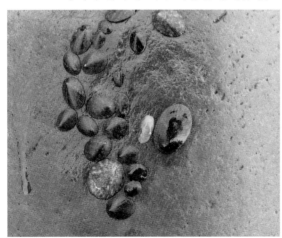

▲ 복족류(삿갓조개의 일종)

▲ 복족류(파랑갯민숭달팽이)

고 외투막을 가지고 있으며 몸이 근육질로 잘 발달하여 느리지만 이동할 수 있는 발의 역할을 합니다.

배에 붙은 근육질 다리로 기어다닌다고 해서 붙여진 복족류는 고둥류나 삿갓조개류들이 주로 여기에 속하며 연체동물 중에서 가장 종류가 많습니다. 크게 소라나 전복같이 나선형이나 원추형인 1개의 껍데기를 가진 것과 민숭달팽이류와 같이 껍데기를 갖고 있지 않는 것의 두 무리로 나눌 수 있습니다.

▲ 부족류(바지락)

조개와 같이 2개의 껍데기로 된 부족류는 근육질의 발이 도끼와 비슷하다고 하여 붙여진 무리로서 이매패류라고도 불리웁니다. 주로 모래나 진흙에 구멍을 파고 들어가 삽니다.

▲ 다판류(군부와 털군부)

군부와 같이 8개의 껍질을 갖는 경우를 다판류라고 합니다. 이들은 넓고 편평한 발을 가져 느리게 이동하며 바위나 돌에 단단히 붙어 공기 중에 노출되었을 경우에도 수분을 유지합니다. 주로 돌에 붙은 해조류나 작은 생물을 치설로 갉아 먹으며 삽니다.

두족류는 머리에 다리가 달려 있다고 하여 붙여진 이름으로 오징어나 문어 등이 여기에 속합니다. 오징어는 10개의 다리를 가지며 퇴화된 흔적 껍데기를 외투막 안에 가지고 있습니다. 우리가 오징어에 대해 가장 많이 착각하고 있는 점은 지느러미인 맨 윗부분을 머리라고 생각하여 두족류라는 생각을 못하는 것입니다. 반면 문어는 8개의 다리를 가지며 껍질은 완전히 퇴화되었습니다. 이들은 연체동물 중 몇 안 되는 헤엄솜씨를 뽐내는 종들입니다.

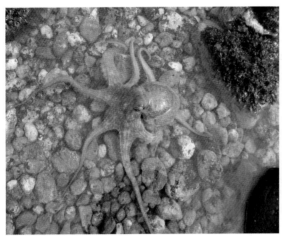
▲ 두족류(왜문어)

▲ 두족류(참오징어의 퇴화된 흔적 껍데기)

◆ 절지동물

절지동물은 발에 마디가 있다고 하여 붙여진 동물 무리입니다. 머리, 가슴, 배로 나누며 머리와 가슴은 하나의 갑각 아래에 합쳐져 두흉부를 이룹니다. 게나 새우 등과 같이 몸 밖을 단단한 껍질로 에워 쌓인 갑각류들이 대부분이며, 이들은 육상의 곤충처럼 몸이 커지기 위해 탈피를 하는 것이 특징입니다. 따라서 육상의 곤충이 단단한 껍질을 가지고 탈피를 한다는 점으로 미루어 보아 지각변동 등으로 바다가 육지로 되면서 갑각류가 육지의 환경에 적응하여 곤충으로 진화된 것 같습니다. 많은 종류의 절지동물들은 이동성이나 따개비류와 같이 바위에 고착하며 살아가는 종류도 있습니다. 종종 따개비류들을 연체동물로 착각하기도 합니다.

▲ 절지동물(갈게)

▲ 절지동물(조무래기따개비)

♦ 환형동물

  환형동물은 몸을 단면으로 잘랐을 때 둥근 형태로 보인다고 하여 붙여진 이름으로 몸이 긴 특징이 있습니다. 주로 갯지렁이류가 여기에 속하는데, 몸 마디(체절)가 연결되어 있으며 체절마다 옆다리(측지)와 강모가 있습니다. 강모는 기어다닐 때 기질을 붙잡는 데 도움을 주는 것으로 육상의 지렁이는 강모가 드문데 비하여 바다의 갯지렁이류는 강모가 많은 것이 특징입니다. 이러한 강모의 모양은 갯지렁이를 분류하는 중요한 요소가 됩니다. 다른 저서동물 무리와 비교하여 환형동물들은 주로 모래나 진흙에 파고 들어가 사는데, 이는 공기 중에 노출된 환경에서 자신의 몸을 마르지 않게 하여 살 수 있는 생존전략인 것입니다. 또한 암석에 자신이 분비한 석회질로 관을 만든 후 들어가서 사는 종류도 있습니다. 갯지렁이류들은 우리에게 잘 알려진 낚시의 미끼로 이용될 뿐만 아니라 모래나 진흙에 있는 유기물을 먹고 무기물로 배설하므로 환경 정화에도 톡톡한 일익을 담당하고 있습니다.

▲ 환형동물(두토막눈썹참갯지렁이)

▲ 환형동물(갈고리석회관갯지렁이)

◆ 극피동물

▲ 극피동물(보라성게)

극피동물은 몸에 가시가 있다고 하여 붙여진 무척추동물 무리입니다. 다른 동물 무리와는 달리 방사대칭형의 몸을 가지며 관족을 가져 이동할 때와 먹이를 붙잡을 때 이용합니다. 대부분의 극피동물은 느리게 이동하며 보통 배쪽에 입과 등쪽에 항문을 가지고 있습니다. 식성이 좋아 해조류, 저서동물, 바닥에 있는 죽은 동물이나 유기물까지 먹어치우는 잡식성으로 청소부 역할을 톡톡히 합니다. 불가사리류들은 주요 수산자원인 전복이나 소라, 조개 등을 발로 감싸 소화관을 집어넣어 소화시켜 먹으며, 몸의 일부가 끊어져도 몸통 부분이 재생되어 생존하기 때문에 어민들에게는 골칫거리이기도 합니다.

◆ 척색동물

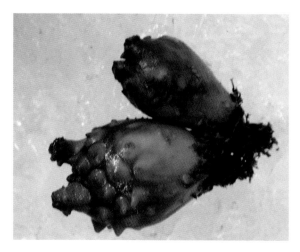

▲ 척색동물(멍게)

　척색동물은 발생과정 때 혹은 평생 동안 원시적인 척추(척색)를 가져서 붙여진 이름입니다. 그 종류는 많지 않으며 대표적인 예로 멍게(우렁쉥이)는 유생때 꼬리 부분에 잠시 척색을 가지며 성체가 되면 없어집니다. 껍질이 두터운 자루(피낭)로 에워싸여 있으며, 여기에 입수공과 출수공이 있어 물 속 플랑크톤을 걸러먹고 내뱉으며, 항문은 따로 있습니다.

3. 제주 바다에 사는 조간대의 저서무척추동물

해면동물

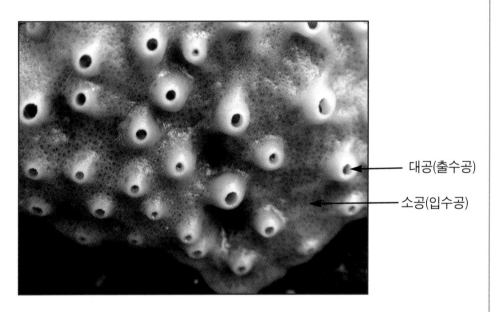

해면류의 명칭

대공(출수공)
소공(입수공)

· **소공(입수공)** : 해면 덩어리 표면의 매우 많은 작은 구멍을
말하며 이곳을 통해 흡수된 물 속의 플랑크톤
을 먹이로 취한다.
· **대공(출수공)** : 소공을 통해 흡수된 물 속의 플랑크톤을 먹이
로 취한 다음 다시 밖으로 배출되는 큰 구멍.

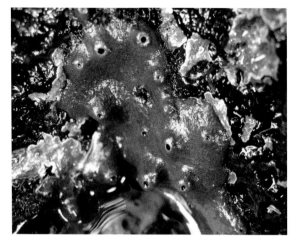

▲ 검정해변해면

검정해변해면
· 조간대의 암석에 붙어산다.
· 두께는 비교적 얇고 불규칙한 모양이다.
· 몸은 비교적 연하고 대공은 비교적 낮다.
· 검정색, 검은보라색, 검은회색 등 색채가
  다양하다.
· 햇빛이 비치는 장소를 좋아한다.

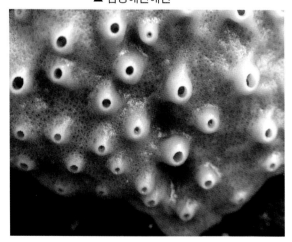

▲ 보라해면

보라해면
· 조간대 중부 및 하부의 암석에 붙어산다.
· 비교적 흔히 발견된다.
· 표면에는 대공을 가진 수많은 관이 돌출
  해 있다.
· 보라색을 띠나 탈색되어 색깔의 일부만
  남아 있는 경우도 있다.
· 파도가 약하고 그늘진 장소를 좋아한다.

▲ 주황해변해면

주황해변해면
· 조간대 중부 및 하부의 암석에 흔히 발견
  된다.
· 해조류의 줄기에 붙어서 작은 크기로 발
  견되기도 한다.
· 많은 돌기 중 일부에 대공이 있다.
· 약간 굵게 깔리고 모양은 불규칙하다.
· 해면질은 부드럽고 주황색을 띤다.

▲황록해변해면

황록해변해면
· 조간대 하부나 그보다 깊은 바다의 암석에 붙어산다.
· 모양은 불규칙하고 바위나 해조류에 덩어리를 이룬다.
· 몸의 표면에는 많은 돌기가 있고 대공은 타원형으로 낮다.
· 비교적 흔히 발견되고 몸은 황록색이다.

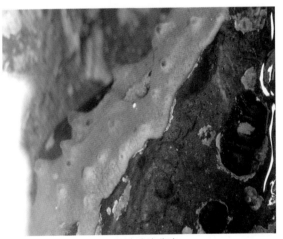
▲회색해변해면

회색해변해면
· 조간대 하부나 그보다 깊은 바다의 암석에 붙어산다.
· 모양은 불규칙하고 타원형의 낮은 대공을 갖는다.
· 표면은 약간 탄력적이고 연한 회황색을 갖는다.
· 서식지에 따라 모양과 색채의 변이가 심하다.

▲ 길쭉예쁜이해면

길쭉예쁜이해면
· 조간대의 돌에 붙어산다.
· 몸은 많은 가지가 밑부분에서 서로 붙어서 수풀처럼 보인다.
· 가지들은 때로 서로 붙고 그 끝이 둥글다.
· 몸의 표면은 매끈하며 둥근 대공이 흩어져 있다.
· 몸은 탄력이 있고 연한 보라색 또는 자갈색이다.

자포동물

말미잘의 명칭

촉수

입과 항문
부위

· **촉수** : 몸체의 가장자리에 위치하며 먹이를 포획하거나 적으
로부터 자신을 보호하는 기능을 한다
· **입과 항문부** : 촉수를 통하여 포획된 먹이를 들여보내고 소화
가 끝난 배설물을 내보내는 곳이 같다

▲ 풀색꽃해변말미잘

풀색꽃해변말미잘
· 조간대의 암석, 자갈 및 모래에 흔히 발견된다.
· 몸통은 공생 녹조류 때문에 녹색을 띠며 혹을 갖는다.
· 촉수는 분홍색을 띤다.
· 몸통을 오므리면 여러 가지 입자가 붙는다.

▲ 검정꽃해변말미잘

검정꽃해변말미잘
· 조간대의 암석이나 자갈에 붙어살며 흔히 발견된다.
· 몸통의 윗부분은 회갈색이고 아래부분은 황갈색이다.
· 몸통 뒤에는 돌기가 조밀하게 배열된다.
· 촉수는 반점이 있고 회색빛이 도는 갈색이다.
· 몸통을 오므리면 가끔 작은 입자가 붙는다.

▲ 갈색꽃해변말미잘

갈색꽃해변말미잘
· 조간대의 암석, 자갈 및 모래에 붙어산다.
· 흔히 발견되고 몸통은 암갈색이다.
· 촉수는 회색빛이 도는 갈색이다.
· 강장 표면은 붉은색이고 안은 흰색이다.
· 몸통을 오므리면 입자가 붙어 있는 경우가 드물다.

▲ 갈색꽃해변말미잘

담황줄말미잘(촉수를 닫았을 때의 모습)

· 조간대나 조수웅덩이의 암석, 자갈, 모래
  에 붙어산다.
· 몸통은 흑갈색이다.
· 몸통의 중앙에서 사방으로 담황줄이 나 있
  다.
· 촉수를 움츠리면 거의 몸통의 틈이 보이
  지 않는다.

▲ 해변말미잘

해변말미잘

· 조간대의 돌이나 바위에 붙어산다.
· 몸 전체가 선홍색을 띤다.
· 촉수를 움츠리면 많은 입자들이 달라 붙는
  다.
· 촉수를 움츠리면 몸 전체가 흐물흐물하
  다.

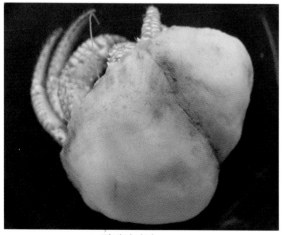
▲ 집게말미잘

집게말미잘

· 조간대의 고둥류 껍질에 발견된다.
· 고둥 이외에도 돌에 부착하여 사는 경우
  도 있다.
· 몸은 붉은 점이 있는 보라색을 띠지만 다
  양하다.
· 촉수는 흰색을 띠고 그 끝 부분은 오렌지
  색이다.
· 사진처럼 여러 개체가 하나의 패각에 붙
  어사는 경우도 있다.

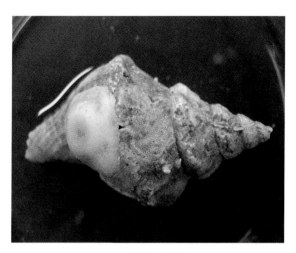

▲ 고둥끈말미잘

고둥끈말미잘
· 조간대보다 깊은 바다의 고둥류 껍질에 발견된다.
· 몸 색깔은 다양하나 주황색이나 적갈색이 많다.
· 몸통의 윗부분은 갈색이며 가로로 점들이 있다.
· 촉수는 갈색을 띠고 아래 부분은 갈색점이 있다.
· 주로 생존하는 고둥에 붙는다.

편형동물

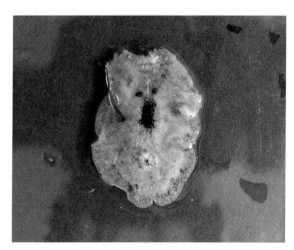

▲ 민무늬납작벌레

민무늬납작벌레
· 조간대의 돌 밑이나 바닥에 납작하게 붙어산다.
· 등쪽이 볼록하게 솟아 있다.
· 몸은 옅은 갈색을 띤다.
· 이동할 때에는 몸이 늘어나 보통 길이보다 길다.
· 가장자리는 주름져 있다.

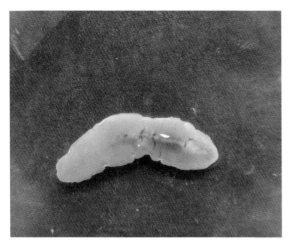

▲ 상아헛뿔납작벌레

상아헛뿔납작벌레
· 조간대의 돌 밑이나 바닥에 납작하게 붙어산다.
· 앞쪽에는 검은색 안점이 2개 있다.
· 몸 전체에는 작은 돌기들이 나 있다.
· 이동할 때에는 몸이 늘어나 보통 길이보다 길다.
· 움직임은 비교적 빠르다.

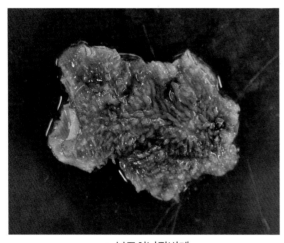

▲ 부로치납작벌레

부로치납작벌레
· 조간대의 돌 밑이나 바닥에 납작하게 붙어산다.
· 몸체의 색깔은 흑갈색이나 변이가 있다.
· 등면은 돌기들이 전체를 덮고 있다.
· 앞쪽에는 한쌍의 촉수가 있다.
· 이동할 때에는 몸이 늘어나 보통 길이보다 길다.

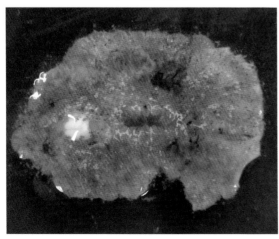

▲ 다촉수납작벌레

다촉수납작벌레
· 조간대의 돌 밑이나 바닥에 납작하게 붙어산다.
· 등쪽이 볼록하게 솟아 있다.
· 몸은 황갈색을 띠고 흑갈색 또는 적색 반점이 흩어져 있다.
· 몸의 유연성이 좋아 이동할 때에는 보통 길이보다 길다.

▲ 상어껍질별벌레

상어껍질별벌레
· 조간대의 돌 밑이나 바위틈에 산다.
· 몸 전체가 황갈색을 띤다.
· 몸통은 통통하고 머리부분은 가늘게 나와 있다.
· 수축된 몸통은 주름이 지며 작은 돌기가 나타난다.

유형동물

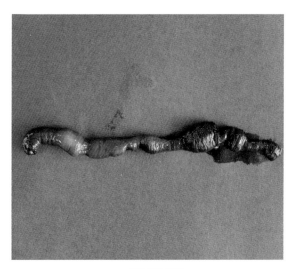

▲ 연두끈벌레

연두끈벌레
· 조간대나 그보다 깊은 바다의 바닥에 산다.
· 몸은 녹색을 띠나 액침 표본을 만들면 약간 탈색이 된다.
· 몸은 가늘고 길며 수축되면 약간 통통해진다.
· 작은 무척추동물을 잡아먹는 육식성이다.
· 크기는 20-50cm 정도이다.

1. 다판류

군부의 명칭

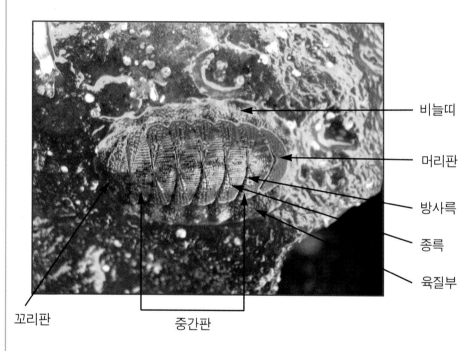

- 비늘띠
- 머리판
- 방사륵
- 종륵
- 육질부
- 꼬리판
- 중간판

- **육질부(육대)** : 군부와 같은 다판류에서 8개의 껍질을 제외한 둘레의 근육
- **비늘띠(인편)** : 군부류의 근육 부분에서 세로무늬의 띠
- **머리판(두판)** : 군부의 8개 껍질 중 맨 앞 쪽 껍질
- **중간판** : 군부의 8개 껍질 중 머리판과 꼬리판 사이의 6개 껍질
- **꼬리판(미판)** : 군부의 8개 껍질 중 껍질 중 맨 뒤 쪽 껍질
- **방사륵** : 각각의 껍질 각정부에서 사방으로 비스듬히 뻗은 굵은 돌기
- **종륵** : 껍질에서 세로로 뻗은 여러 개의 주름

줄군부

- 조간대 중부와 하부의 바위나 돌 밑에 붙어산다.
- 몸체의 색깔은 연한 검은색 혹은 짙은 갈색을 띤다.
- 껍질이 차지하는 비율이 크며 등쪽이 약간 솟아있다.
- 껍질에는 종륵과 비스듬한 방사륵이 나 있다.
- 껍질과 육질부에는 수많은 과립이 있다.
- 육질부는 연두색 비늘 띠가 세로로 간격을 두어 반복된다.

▲ 줄군부

연두군부

- 조간대 중부와 하부의 바위나 돌 밑에 붙어산다.
- 몸체는 약간 길며 껍질이 대부분을 차지한다.
- 비교적 납작하고 움직임이 빠르다.
- 껍질의 색은 주로 초록색이나 변이가 심하다.
- 껍질의 등쪽은 무늬가 있으며 색깔은 다양하다.
- 육질부는 연두색의 비늘 띠가 세로로 간격을 두어 나타난다.
- 여러 개체가 함께 발견되기도 한다.

▲ 연두군부

가는줄연두군부

- 조간대 중부와 하부의 바위나 돌 밑에 붙어산다.
- 연두군부와 비슷하나 조금 크고 육질부 폭이 좁다.
- 몸체는 껍질이 대부분을 차지한다.
- 껍질 표면은 줄무늬에서 반점에 이르기까지 다양하다.
- 껍질의 등쪽은 약간 솟아 있다.
- 육질부에는 녹색의 가는 비늘 띠가 세로로 간격을 두어 나타난다.

▲ 가는줄연두군부

▲ 꼬마군부와 알

꼬마군부

· 조간대 중부와 하부의 돌 밑에 붙어산다.
· 몸체는 껍질이 $\frac{3}{8}$ 정도 차지한다.
· 껍질은 적갈색 바탕에 녹색의 세로무늬가 있다.
· 껍질의 등쪽이 솟아 있고 과립들이 나 있다.
· 육질부는 비늘이 매끈하고 녹색의 비늘 띠가 세로로 반복된다.

▲ 빨강줄군부

빨강줄군부

· 조간대 중부와 하부의 바위나 돌 밑에 붙어산다.
· 몸체는 주황색을 띠며 껍질이 반 정도 차지한다.
· 껍질에는 갈색 반점이 있으나 석회조류가 붙어 있는 경우도 있다.
· 껍질에는 비스듬한 방사륵이 있다.
· 육질부는 매끄러우며 색깔은 알록달록하다.
· 크기는 군부류 가운데 중간 정도이다.

▲ 군부

군부

· 조간대의 바위틈이나 돌 밑에 붙어산다.
· 군부류 중 가장 흔하게 발견된다.
· 껍질은 육질부에 비하여 약간 좁다.
· 껍질은 매끄러운 편이나 부식된 것도 발견된다.
· 육질부는 검은색으로 과립이 나 있고 흰색 띠가 있다.
· 사는 곳에 따라 크기와 색깔이 약간 다르다.

▲ 비단군부

비단군부
· 조간대 중부 및 하부의 바위나 돌 밑에 붙어산다.
· 몸체는 껍질이 반 정도 차지한다.
· 껍질의 앞쪽은 약간 솟아있으며 등쪽은 세로무늬가 있다.
· 육질부는 비단처럼 매끈하다.
· 육질부와 껍질의 색깔은 다양하다.

▲ 털군부

털군부
· 조간대의 바위나 돌에 붙어산다.
· 껍질이 차지하는 비율은 아주 적다.
· 껍질과 육질부는 회색이다.
· 육질의 양쪽에는 9쌍의 털묶음이 나란히 있다.
· 육질부는 편평하고 만져보면 흐물흐물하다.
· 무리지어 발견되기도 한다.

▲좀털군부

좀털군부
· 조간대의 바위나 돌에 붙어살고 드물다.
· 털군부와 비슷하나 크기가 작고 털묶음도 작다.
· 껍질이 차지하는 비율은 털군부보다 크다.
· 껍질의 중앙은 솟아 있고 2줄이 세로로 나 있다.
· 껍질과 육질부는 흑갈색이다.

▲ 애기털군부

애기털군부

· 조간대의 돌이나 바위에 붙어산다.
· 껍질의 폭이 넓은 점이 좀털군부와 구분된다.
· 껍질 중앙에는 2개의 세로줄이 나 있다.
· 그 이외의 특징은 좀털군부와 유사하다.

▲ 벌레군부

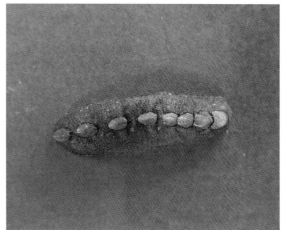

▲ 벌레군부의 어린개체

벌레군부

· 조간대 하부의 바위나 돌 밑에 드물게 발견된다.
· 몸체는 짙은 갈색을 띠고 길쭉하며 양끝의 폭이 다르다.
· 성체의 껍질은 거의 퇴화되어 작으며 등 밖으로 약간 나와 있다.
· 앞의 5개 껍질은 가깝고 뒤로 갈수록 떨어져 있다.
· 몸 전체에 짧고 가는 털들이 나 있다.

2. 복족류

배말류의 명칭

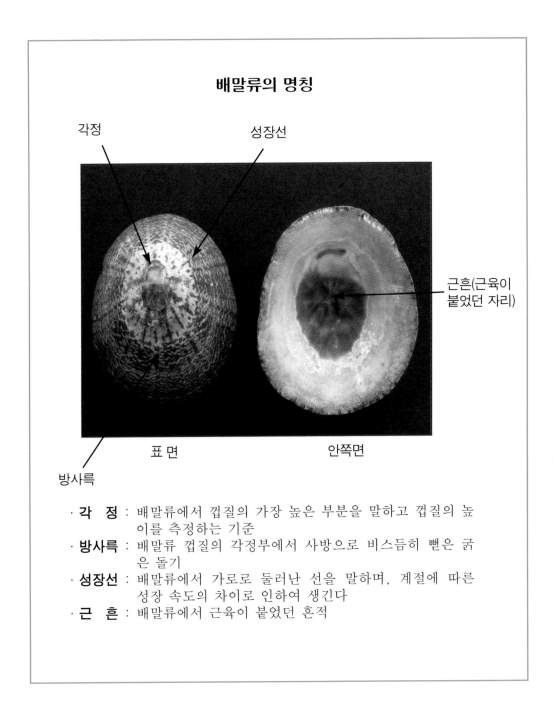

각정

성장선

근흔(근육이
붙었던 자리)

표면

안쪽면

방사륵

- **각 정** : 배말류에서 껍질의 가장 높은 부분을 말하고 껍질의 높이를 측정하는 기준
- **방사륵** : 배말류 껍질의 각정부에서 사방으로 비스듬히 뻗은 굵은 돌기
- **성장선** : 배말류에서 가로로 둘러난 선을 말하며, 계절에 따른 성장 속도의 차이로 인하여 생긴다
- **근 흔** : 배말류에서 근육이 붙었던 흔적

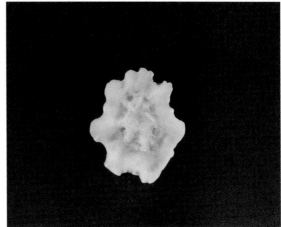

▲ 누더기삿갓조개 ▲

누더기삿갓조개

· 조간대의 바위에 붙어살며 드물게 발견된다.
· 껍질의 높이는 낮고 가장자리는 들쭉날쭉하여 별처럼 생겼다.
· 각정부는 중앙에서 약간 앞쪽으로 치우쳐 있다.
· 표면은 강한 방사륵이 있어 울퉁불퉁하며 회갈색을 띤다.
· 안쪽면은 표면의 옅은 갈색이 나타난다.

▲ 진주배말

진주배말

· 조간대의 파도가 센 곳의 바위에 많다.
· 껍질은 단단하고 타원형으로 앞쪽이 좁다.
· 각정부는 높고 약간 앞쪽으로 치우쳐 있으며 마모된 경우가 많다.
· 표면은 흑갈색의 방사륵과 성장맥이 만나 거칠다.
· 안쪽면은 광택이 있고 얼룩덜룩한 무늬가 있다.
· 근육이 붙었던 자리는 진한 갈색을 띤다.

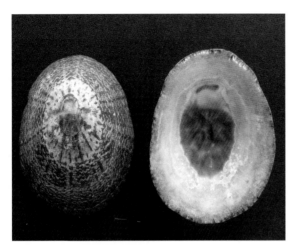

흑색배말

· 조간대의 바위에 붙어살며 흔히 발견된
  다.
· 삿갓조개류 중 가장 크고 둥근 타원형이
  며 앞쪽이 좁다.
· 각정부는 높고 약간 앞쪽으로 치우쳐 있
  으며 마모된 경우가 많다.
· 표면은 흑갈색 방사맥과 성장맥이 조밀하
  게 나타난다.
· 안쪽면은 광택이 나고 회색을 띤다.
· 근육이 붙었던 자리는 앞쪽이 희고 뒤쪽
  은 붉은 갈색이다.

▲ 흑색배말

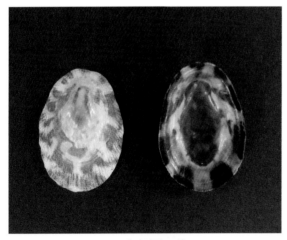

▲ 애기삿갓조개

▲ 애기삿갓조개의 무리

애기삿갓조개

· 조간대의 바위에 붙어살고 가장 흔히 발견된다.
· 껍질은 타원형으로 앞쪽이 좁다.
· 각정부는 낮으며 앞으로 치우쳐 있다.
· 표면은 각정에서 방사맥이 촘촘하게 사방으로 퍼진다.
· 안쪽면은 광택이 있으며 가장자리는 흑갈색 무늬가 반복된다.
· 근육이 붙었던 자리는 옅은 갈색을 띤다.
· 서식지에 따라 껍질의 두께, 크기, 높이 및 색깔이 다양하다.

▲ 테두리고둥   ▲ 생태모습

테두리고둥

· 조간대의 바위나 조수웅덩이에 붙어산다.
· 전체적으로 납작하고 표면에는 돌출된 흰 방사륵이 5-7개 있다.
· 방사륵 사이에는 간륵이 있다.
· 각정은 중앙에서 약간 앞쪽으로 치우쳐 있다.
· 껍질의 가장자리는 움푹 들어가 별 모양을 한다.
· 안쪽면은 흰색이며 근육이 붙었던 자리는 갈색을 띤다.
· 서식지에 따라 크기, 모양, 방사륵의 수의 변이가 심하다.

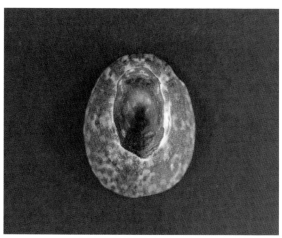

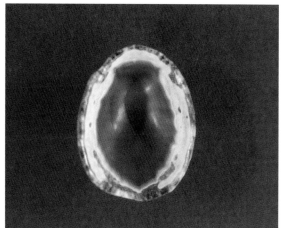

▲ 흰줄무늬삿갓조개 ▲

흰줄무늬삿갓조개

· 조간대의 바위에 붙어살며 드물다.
· 각정부는 중앙에서 약간 앞쪽으로 치우쳐 있다.
· 표면은 진한 갈색바탕에 흰무늬가 있다.
· 안쪽면은 흰색이고 가장자리는 갈색을 띤다.
· 근육이 붙었던 자리는 크고 적갈색을 띤다.

두드럭배말
· 조간대 중부나 하부의 파도가 센 곳의 바위에 붙어산다.
· 껍질은 타원형으로 표면은 회갈색을 띤다.
· 각정은 매우 앞으로 치우쳐 있고 끝이 꼬부라진다.
· 표면은 방사륵과 성장륵이 교차되어 거칠다.
· 안쪽면은 청록색이며 가장자리는 울퉁불퉁하며 갈색 띠가 반복된다.
· 근육이 붙었던 자리는 크고 암갈색을 띤다.

▲ 두드럭배말

 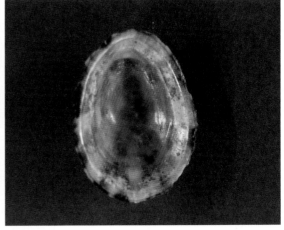

▲ 흰무늬배말 ▲

흰무늬배말
· 조간대의 바위에 붙어살고 드물다.
· 각정부는 낮고 앞으로 치우치며 가는 방사륵이 촘촘히 난다.
· 표면은 갈색 바탕에 흰무늬가 각정에서 사방으로 퍼진다.
· 안쪽면의 가장자리는 갈색 띠가 반복되어 있다.
· 근육이 붙었던 자리는 엷은 갈색이다.

▲ 배무래기

배무래기
· 조간대의 매끈한 바위에 붙어살고 흔하다.
· 각정은 매우 낮고 앞으로 치우치며 끝이 뾰족하다.
· 표면은 미세한 방사맥과 성장맥이 촘촘하고 약간 거칠다.
· 안쪽면은 옅은 청색이며 가장자리는 연한 흑갈색 띠가 반복된다.
· 근육이 붙었던 자리는 갈색이다.
· 움직임이 다소 빠르고 서식지에 따라 크기, 무늬 및 모양의 변이가 심하다.

▲ 둥근배무래기

둥근배무래기
· 조간대 상부나 중부의 바위에 붙어산다.
· 전체적으로 껍질은 거의 원형에 가깝다.
· 각정은 약간 높고 앞으로 치우치며 끝이 뾰족하다.
· 표면은 가는 방사맥과 성장맥이 만나 약간 거칠다.
· 안쪽면은 푸른색이며 가장자리는 다소 거칠고 갈색을 띤다.
· 근육이 붙었던 자리는 연한 갈색이다.

▲ 납작배무래기

납작배무래기
· 조간대의 바위에 붙어산다.
· 껍질은 납작하며 각정은 뾰족하고 앞으로 치우쳐 있다.
· 녹갈색 바탕에 황갈색 반점이 흩어져 있다.
· 표면은 촘촘한 방사륵과 성장맥이 만나 꺼끌꺼끌하다.
· 안쪽면은 청색이고 근육이 붙었던 자리는 황갈색이다.
· 안쪽면의 가장자리는 갈색 띠가 반복되어 나타난다.

▲ 테라마찌배무래기

테라마찌배무래기
· 조간대의 바위에 붙어산다.
· 각정은 뾰족하며 앞쪽으로 치우쳐 있다.
· 표면은 각정에서 방사상으로 황색 줄무
  늬가 나타난다.
· 방사상 줄무늬 사이에 중간에서 시작하
  는 짧은 줄무늬가 있다.
· 안쪽면은 파란색이며 표면의 줄무늬가
  투영되기도 한다.
· 안쪽 가장자리는 황색과 검은색 띠가
  교대로 나타난다.

전복류의 명칭

구멍(호흡공)

성장맥

나맥

각정

· **각　정** : 전복류에서 껍질의 가장 높은 부분을 말하고 껍질의 높
　　　　　이를 측정하는 기준
· **호흡공** : 전복류가 호흡하기 위해 뚫려진 구멍이며 종에 따라 그
　　　　　수가 다르다
· **성장맥** : 전복류에서 계절에 따른 성장 속도의 차이로 생긴 선으
　　　　　로 각정에서 각구 사이에 비스듬한 방향으로 생긴다
· **나　맥** : 전복류의 껍질을 옆에서 보았을 때 가로로 연속된 돌기
　　　　　가 고리 모양으로 나타난 것이다

▲ 마대오분자기

마대오분자기

· 조간대의 바위나 돌에 붙어산다.
· 껍질은 작고 타원형으로 황록색을 띤다.
· 오분자기와 비슷하나 껍질의 높이가 약
  간 높다.
· 표면에는 방사륵이 뚜렷하고 이와 만나
  는 섬세한 주름이 많다.
· 구멍은 7-9개 뚫려있고 껍질위로 솟지 않
  는다.
· 안쪽면은 광택이 나고 바깥입술은 주름진
  다.

▲ 오분자기

오분자기

· 조간대의 바위나 돌에 붙어산다.
· 껍질은 작고 타원형으로 연녹색을 띤다.
· 굵은 성장맥이 뚜렷하고 마대오분자기
  보다 표면의 주름이 적다.
· 구멍은 7-9개 뚫려있고 껍질위로 솟지 않
  는다.
· 안쪽면은 울퉁불퉁하고 광택이 난다.
· 움직임이 약간 빠르다.

▲ 왕전복 ▲

왕전복
· 조간대보다 깊은 바다의 바위에 산다.
· 전체적으로 매우 둥글고 암갈색이다.
· 표면에는 굵은 성장륵이 있어 매우 울퉁불퉁하다.
· 구멍은 4-5개가 껍질밖으로 솟아 있다.
· 구멍의 경사면은 완만하며 1줄의 강한 띠와 만난다.
· 말전복과 비슷하나 안쪽입술이 각정부에서 끝난다.
· 안쪽면은 광택이 나며 바깥입술은 주름진다.

▲ 말전복 ▲

말전복
· 조간대의 하부나 그보다 깊은 바다의 바위에 붙어산다.
· 껍질은 둥글고 적갈색을 띤다.
· 구멍은 4-5개 뚫려있고 모두 껍질보다 높게 솟는다.
· 표면에는 방사륵과 성장맥이 촘촘하게 있다.
· 안쪽면은 광택이 나고 바깥입술은 주름진다.
· 안쪽입술이 왕전복과 달리 폭이 넓고 각정부 아래까지 뻗는다.

▲ 둥근전복 ▲

둥근전복
· 조간대의 바위나 돌에 붙어산다.
· 껍질은 납작한 타원형으로 각정부는 높은 편이다.
· 구멍은 4-5개로 간격이 넓고 껍질밖으로 솟아 있다.
· 표면은 약한 성장맥이 촘촘히 나타난다.
· 표면은 갈색에 가깝고 안쪽면은 광택이 난다.

 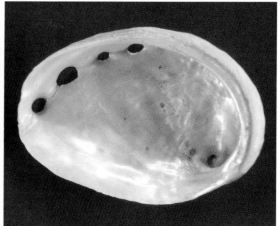

▲ 북방전복 ▲

북방전복
· 조간대의 바위나 돌에 붙어산다.
· 껍질은 전복류 중 작은편이며 납작한 타원형이다.
· 표면은 연녹색이고 안쪽면은 광택이 나며 매우 울퉁불퉁하다.
· 윗입술의 폭은 좁은 편이다.
· 양식으로 키우는 경우가 많다.

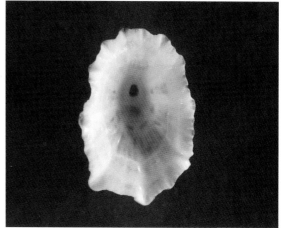

▲ 시볼트구멍삿갓조개 ▲

시볼트구멍삿갓조개
· 조간대의 바위나 돌에 붙어산다.
· 삿갓모양으로 각정부는 타원형의 구멍이 있다.
· 표면은 회백색이고 성장맥과 방사륵이 만나 거칠다.
· 성장륵은 판모양이다.
· 안쪽면은 흰색이고 가장자리는 들쭉날쭉하다.

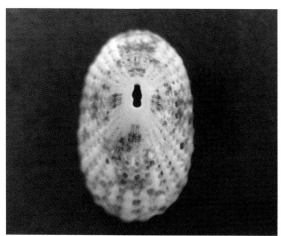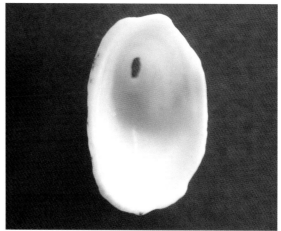

▲ 주름구멍삿갓조개 ▲

주름구멍삿갓조개
· 조간대의 바위나 돌에 붙어산다.
· 삿갓모양으로 각정부에 열쇠구멍 모양의 구멍이 나 있다.
· 표면에는 성장맥과 방사맥이 만나 굵은 과립을 형성한다.
· 과립의 일부는 검은색 반점이 있다.
· 안쪽면은 흰색이고 가장자리는 약간 울퉁불퉁하다.

▲ 구멍삿갓조개

▲ 구멍삿갓조개(옆면)

▲ 생태모습

구멍삿갓조개
· 조간대의 해조류가 있는 돌 사이에 산다.
· 껍질 표면은 여러 무늬가 나타나고 안쪽면은 흰색이다.
· 각정은 약간 앞쪽으로 치우치고 바로 아래에 구멍(호흡공)이 있다..
· 껍질을 옆에서 보면 아랫면이 지면과 평행을 이룬다.
· 호흡공을 중심으로 가는 성장맥과 방사맥이 나타난다.
· 살아 있을 때에는 몸체가 껍질에 비해 월등히 크다.

▲ 낮은구멍삿갓조개

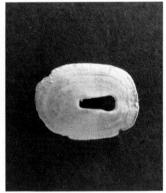
▲ 낮은구멍삿갓조개(옆면)

▲ 생태모습

낮은구멍삿갓조개
· 조간대의 해조류가 있는 돌 사이에 산다.
· 껍질 표면은 붉은색 바탕에 회갈색을 띤다.
· 아랫면이 곡선을 이루는 점이 구멍삿갓조개와 다르다.
· 구멍삿갓조개에 비하여 껍질의 폭이 넓다.
· 호흡공이 중앙에 가깝다.
· 그 이외의 특징은 구멍삿갓조개와 유사하다.

고둥류의 명칭

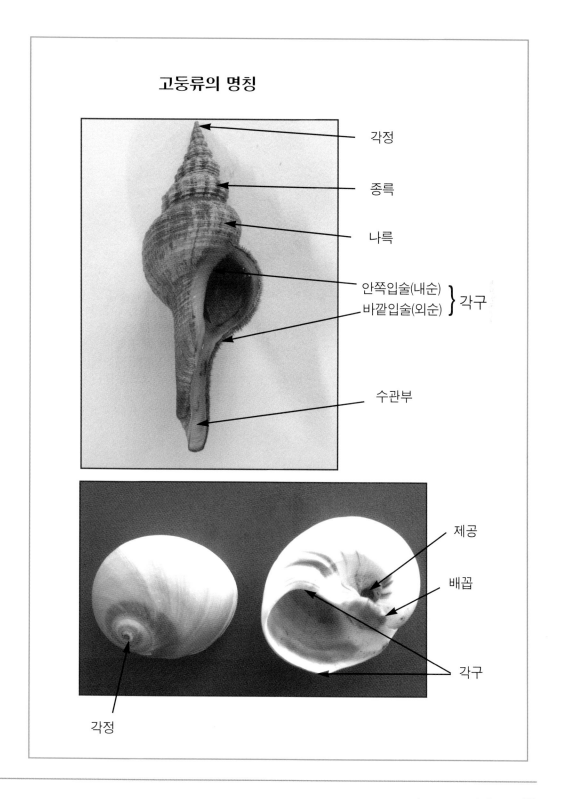

각정

종륵

나륵

안쪽입술(내순)
바깥입술(외순) } 각구

수관부

제공

배꼽

각구

각정

· **각　정** : 고둥과 같은 복족류에서 껍질의 가장 끝 부분(각구의 반대쪽)을 말하며 껍질의 높이를 측정하는 기준으로 이 부분이 닳아서 없어지는 종도 있다
· **나　륵** : 복족류의 껍질에서 가로로 나 있는 여러 개의 주름
· **종　륵** : 복족류 껍질의 각 층에서 세로로 나 있는 여러 개의 주름
· **각　구** : 입에 해당하는 부분으로 껍질의 맨 아래 층 입술을 안쪽입술(내순), 바깥 쪽의 입술을 외순이라 부르고 각구에 뚜껑이 있는 것과 없는 종이 있다
· **수관부** : 각구 아래에 호흡을 위하여 갈라진 틈을 말하며, 종에 따라서 길이나 모양이 다양하다
· **제　공** : 복족류가 성장할 때 껍질에 여러 층이 만들어지면서 안쪽면 중앙에 들어간 구멍이 생긴 경우를 말하고, 종에 따라서 제공이 깊이나 넓이가 다르며 없는 종도 많다

▲ 바퀴고동

바퀴고동
· 조간대의 해조류가 있는 암석에 많다.
· 원추형이며 껍질 밖으로 돌출된 관모양의 돌기가 둘러싼다.
· 각 층은 과립이 덮고 있고 종륵이 비스듬히 나 있다.
· 표면은 회백색이나 석회조류가 붙는 경우가 많다.
· 안쪽면은 보라색으로 편평하고 둥근 모양의 나륵이 있다.
· 각구는 둥근 타원형이고 안쪽은 광택이 난다.
· 제공이 없는 점이 바퀴밤고동과 다른 점이다.

▲ 소라(뿔이 없는 것)

▲ 소라(뿔이 있는 것)

소라

· 조간대의 바위나 돌 틈에 산다.
· 표면은 갈색이고 층 사이의 마디가 뚜렷하다.
· 뿔이 없는 개체는 파도가 조용한 곳에 많고 성장맥이 뚜렷하다.
· 뿔이 있는 개체는 파도가 센 곳에 많고 2줄의 관 돌기가 뚜렷하다.
· 각구는 원형이고 안쪽은 흰색이며 광택을 띤다.
· 뚜껑은 단단한 석회질로 앞면은 돌기가 나 있다 ·

▲ 눈알고둥

눈알고둥

· 조간대의 해조류가 있는 돌에 산다.
· 크기는 작고 원형이며 각정 부근이 마모된 것이 많다.
· 껍질 표면은 녹색이며 작은 녹조류가 붙어 있는 것이 많다.
· 각 층에는 나륵과 작은 과립이 있다.
· 껍질의 마디 부분에는 돌기가 둘러 나 있다
· 제공은 없으며 뚜껑은 둥그런 석회질이다.

▲ 납작소라 ▲

납작소라

· 조간대나 그보다 깊은 바다의 바위나 돌에 산다.
· 대형으로 황갈색을 띠고 원뿔 모양이다.
· 껍질의 표면은 굵은 나륵과 비스듬한 종륵이 만나 거친 편이다.
· 마디에서 나온 긴 관 모양의 돌기가 나 있다.
  (사진은 껍질이 오래되어 관이 마모되어 있다)
· 안쪽면은 편평하고 둥근 모양의 나륵이 여러 겹 나 있다.
· 제공은 없으며 각구는 타원형이고 안쪽은 광택을 낸다.

▲ 유리고둥

유리고둥

· 조간대의 해조류가 있는 돌에 산다.
· 원뿔모양으로·비스듬하고 각정은 뾰족하다.
· 크기가 작고 표면은 빨간색 바탕에 흰 반점이 있으며 광택이 난다.
· 각 층은 부풀어 있고 마디 부근에는 녹갈색 무늬가 있다.
· 제공은 없으며 각구는 원형이고 안쪽은 빨간색이다.

▲ 밤고둥

밤고둥

· 조간대 중부 및 하부의 돌이나 바위에 붙어있다.
· 원뿔 모양이고 표면은 검으며 마디는 비교적 뚜렷하다.
· 비스듬한 종륵과 나륵이 만나 거칠다.
· 안쪽면은 가는 나맥이 있고, 입술 가장자리에는 흰 돌기가 1개 있다.
· 안쪽 중앙은 녹색을 띠고 제공은 막혀 있다.
· 각구는 원형에 가깝고 안쪽은 광택을 띠며 주름이 보인다.

▲ 명주고둥

명주고둥

· 조간대 중부 및 하부의 돌이나 바위에 붙어있다.
· 원뿔 모양이고 표면은 검으며 마디는 비교적 뚜렷하다.
· 비스듬한 종륵과 나륵이 만나 거칠다.
· 안쪽면은 가는 나맥이 있고, 입술 가장자리에는 흰 돌기가 1개 있다.
· 안쪽 중앙은 녹색을 띠고 제공은 막혀 있다.
· 각구는 원형에 가깝고 안쪽은 광택을 띠며 주름이 보인다.

▲ 팽이고둥

팽이고둥

· 조간대 하부의 바위나 돌에 산다.
· 딱딱한 원뿔모양으로 긴 팽이처럼 생겼다.
· 비스듬하게 굵은 종륵과 나륵이 만나 거칠다.
· 표면은 회색을 띠며 해조류가 붙는 경우가 많다.
· 안쪽면은 편평하며 약한 나륵이 있다.
· 각구는 타원형이고 안쪽은 흰색이며 광택을 낸다.
· 제공이 나 있고 그 둘레는 흰색이다.

▲ 검은점갈비고둥

검은점갈비고둥

· 조간대의 돌 틈에 산다
· 껍질은 얇고 작으며 납작하다.
· 표면은 나륵이 발달하고 그 위에 검은 점이 박혀 있다.
· 제공은 없다.
· 각구는 넓으며 안쪽은 주름지고 광택이 난다.

▲ 바퀴밤고둥

바퀴밤고둥

· 조간대의 해조류가 있는 암석에 산다.
· 바퀴고둥과 유사하나 제공을 갖는 점이 다르다.
· 바퀴고둥과 달리 제공 주변에는 보라색 띠가 없다.
· 윗쪽 입술에는 돌기가 나 있다.
· 그 외의 다른 특징은 바퀴고둥과 유사하다.

▲ 보석고둥

보석고둥

· 조간대의 해조류가 있는 돌에 산다.
· 원추형으로 단단하고 적갈색을 띤다.
· 표면은 과립돌기가 나륵을 형성하고 군데군데 검은색 돌기가 박혀 있다.
· 제공이 있고 그 위쪽에 주름진 돌기가 있다.
· 각구는 타원형으로 안쪽은 황백색이다.
· 입술주변에는 2개의 돌기가 나 있다.

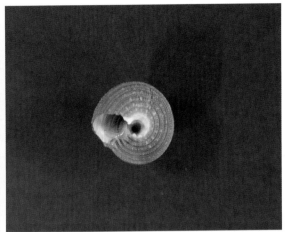

▲ 빨강꼭지고둥 ▲

빨강꼭지고둥
· 조간대의 바위나 돌에 산다.
· 방추형으로 단단하고 각정부는 빨간색이다.
· 표면은 검은색이고 벽돌모양의 나륵이 발달한다.
· 안쪽면은 비교적 납작하며 나맥이 조밀하다.
· 제공이 깊고 그 주변은 흰색이며 뾰족한 돌기가 1개 있다.
· 각구는 타원형으로 안쪽은 주름지고 광택이 난다.

▲ 개울타리고둥

개울타리고둥
· 조간대 상부 및 중부의 바위나 돌에 흔하다.
· 껍질은 둥글고 작은 직사각형 과립들이 층층이 블록을 쌓은 모양이다.
· 표면은 검은색이며 간간이 다른 색의 과립이 끼어 있다.
· 각구는 원형으로 안쪽은 주름지고 광택이 난다.
· 입술에는 돌기가 1개 있다.

▲남방울타리고둥

남방울타리고둥
· 개울타리고둥과 사는 곳이 일치하나 드물다.
· 개울타리고둥보다 크기가 작고 각정은 뾰족하다.
· 작은 정사각형 모양의 돌출된 과립이 나륵을 형성한다.
· 나머지 특징은 개울타리고둥과 유사하다.

▲ 각시고둥

각시고둥
· 조간대 상부의 바위나 돌에 붙어산다.
· 껍질은 흑갈색을 띠고 매끈하며 미세한 나맥이 있다.
· 제공은 없고 입술에는 U자 모양의 홈이 1개 있다.
· 각구는 타원형으로 안쪽은 줄무늬가 있으며 광택을 띤다.

▲ 깜장각시고둥

깜장각시고둥

· 각시고둥과 사는 곳 및 모양이 비슷하다.
· 각시고둥보다 크기가 작고 높이가 낮다.
· 표면은 검은색 바탕에 푸른 보라색을 띤
  다.
· 입술에는 V자 모양의 홈이 1개 있다.
· 나머지 특징은 각시고둥과 유사하다.

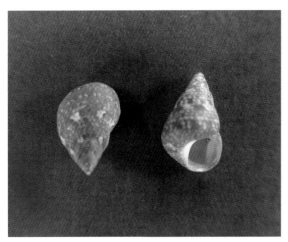

▲ 남방얼룩고둥

남방얼룩고둥

· 조간대의 해조류가 붙은 암석에 많다.
· 작은 원뿔모양으로 적갈색, 분홍색 등 변
  이가 심하다.
· 표면의 가는 나맥에는 흰색 반점이 있다.
· 바깥입술이 덜 발달되어 껍질밖으로 튀어
  나오지 않는다.
· 각구는 둥근 사각형으로 안쪽은 희다.

넓은입고둥

▲ 넓은입고둥

- 조간대의 바위나 돌 혹은 모래에 산다.
- 낮은 원추형으로 굵은 나륵이 튀어나와 있다.
- 표면은 붉은색을 띠나 변이가 심하다.
- 각구는 크고 원형으로 안쪽은 넓고 주름 지며 광택이 난다.
- 전복과 모양이 비슷하나 본 종은 매우 작고 껍질이 얇다.

방석고둥

▲ 방석고둥

- 조간대의 해조류가 붙은 암석에 많다.
- 껍질은 원뿔형이고 붉은 갈색을 띠며 나맥이 발달한다.
- 표면에는 흑갈색과 황백색 반점이 많다.
- 껍질의 마디는 뚜렷하고 각정은 뾰족하다.
- 맨 아래층에는 검은 점들이 줄지어 있다.
- 제공은 없고 안쪽면에 가는 나맥이 있다.
- 각구는 사각형에 가까우며 안쪽은 희고 광택이 난다.

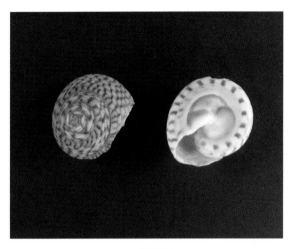

비단고둥
· 조간대 하부의 모래밭에 산다.
· 낮은 원뿔 모양이며 광택을 띤다.
· 표면은 황색 바탕에 갈색 무늬가 많으나
  변이가 심하다.
· 제공은 없고 안쪽면 가장자리에는 갈색의
  무늬가 있다.
· 안쪽면의 중앙에는 갈색의 큰 배꼽 모양
  이 있다.
· 각구는 타원형이며 안쪽은 주름이 있고
  광택을 낸다.

▲ 비단고둥

큰입술갈고둥
· 조간대의 바위나 돌에 드물게 발견된다.
· 전체적으로 반원형이며 딱딱하다.
· 갈고둥보다 2-3배 크며 각구 위쪽에 작
  은 돌기가 있다.
· 표면은 녹색 바탕에 흰 반점이 있으나 색
  의 변이가 심하다.
· 각구는 반달 모양이고 안쪽은 희다.
· 제공은 없다.

▲ 큰입술갈고둥

▲ 갈고둥

갈고둥
· 조간대 상부의 바위나 돌에 살며 흔하다.
· 껍질 표면은 검으며 갈색 무늬가 나타나
고 색의 변이가 심하다.
· 나머지 특징은 큰입술갈고둥과 유사하다.

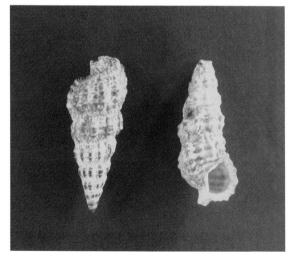

▲ 깜장짜부락고둥

깜장짜부락고둥
· 조간대 상부의 해조류가 있는 모래나 돌
근처에 모여산다.
· 껍질은 가늘고 길며 각정은 뾰족하다.
· 각 층에는 나륵과 종륵이 교차되어 돌기
를 이루며 거칠다.
· 표면은 흑갈색 바탕에 갈색 무늬가 둘러
있다.
· 각구는 원형에 가깝고 안쪽에는 검보라색
무늬가 있다.
· 아랫입술 부위는 울퉁불퉁하고 아래로 통
하는 수관이 있다.

▲ 오디짜부락고둥

오디짜부락고둥

· 조간대의 해조류가 있는 돌에 산다.
· 껍질에는 나륵과 종륵이 교차된 돌기가 많아 뽕나무 열매 모양을 한다.
· 깝장짜부락고둥보다 크기가 작고 폭이 조금 넓다.
· 표면은 검은색 또는 갈색이며 각정은 흰색이다.
· 각구는 타원형으로 안쪽에는 검보라색 무늬가 있다.
· 윗입술에는 뾰족한 돌기가 1개 있다
· 아랫입술 부위는 약간 울퉁불퉁하고 아래로 통하는 수관이 있다.

▲ 짜부락고둥

짜부락고둥

· 조간대 하부의 모래에 산다.
· 껍질은 가늘고 길며 각정은 뾰족하다.
· 가는 종맥과 나맥이 교차되나 매끄럽다.
· 표면은 황색과 갈색이 혼합되어 있다.
· 각구는 타원형에 가깝고 안쪽에는 검보라색 무늬가 있다.
· 수관은 아래로 열려 있으며 반대쪽은 작은 홈이 있다.

동다리
· 조간대 상부의 펄이나 모래에 무리지어 산다.
· 크고 뭉툭하며 각정은 마모되어 있다.
· 각 층에는 나륵과 종륵이 교차된 약한 돌기가 둘러 나 있다.
· 각구는 직사각형에 가까우며 안쪽에는 갈색 무늬가 있다.
· 수관은 약하게 아래로 열려 있다.

▲ 동다리

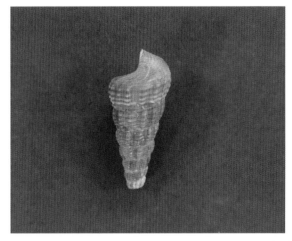 

▲ 작은동다리 ▲

작은동다리
· 조간대 상부의 모래에 산다.
· 동다리보다 크기가 작고 붉으스름하다.
· 각 층에는 나륵과 종륵이 교차된 돌기가 있다.
· 각구는 사각형에 가까우며 안쪽은 붉은색 무늬가 있다.
· 수관은 뾰족하게 열려 있다.

▲ 비틀이고둥

비틀이고둥
· 조간대 상부의 펄이나 돌 근처에 무리지
  어 산다.
· 껍질은 회갈색 바탕에 마디는 흰색을 띠
  며 각정은 뾰족하다.
· 각 층에는 나륵과 종륵이 교차된 약한
  돌기가 있다.
· 각구는 타원형으로 안쪽은 갈색 무늬가
  있다.
· 입술 부위는 밖으로 돌출되고 두꺼운 것
  이 특징이다.
· 수관은 작게 아래로 열려 있다.

▲ 댕가리

댕가리
· 조간대 상부의 펄이나 돌 근처에 무리지
  어 산다.
· 색채의 변이가 심하며 마디에 흰 무늬를
  가진 것도 있다.
· 각 층에는 나륵과 종륵이 교차된 돌기가
  약하게 나 있다.
· 각구는 타원형이며 안쪽은 보라색 무늬
  가 있다.
· 수관은 아래로 약하게 열려져 있다.

좁쌀무늬총알고둥

▲ 좁쌀무늬총알고둥

- 조간대 상부의 바위나 돌에 무리지어 산다.
- 껍질은 회색이고 작으며 원형이다.
- 표면에는 과립모양의 나륵이 있다.
- 각구는 원형이고 안쪽은 갈색 무늬을 띤다.
- 수관은 없다.
- 썰물때에도 공기중에서 잘 견딘다.

총알고둥

▲ 총알고둥

- 조간대 상부의 바위나 돌에 무리지어 산다.
- 좁쌀무늬총알고둥보다 3-4배 정도 크며 딱딱하고 원형이다.
- 각 층과 아랫면에는 과립 모양의 나륵이 있어 약간 거칠다.
- 각구는 원형이고 안쪽은 보라색 무늬가 있다.
- 아랫입술 가장자리는 울퉁불퉁하다.
- 색, 크기, 모양의 변이가 심하다.

납작기생고깔고둥

· 고둥 표면에 붙거나 조간대의 바위에 붙어산다.
· 삿갓모양이고 굵은 방사륵과 가는 성장맥이 있다.
· 각정은 중앙에서 약간 앞으로 치우쳐 있는 점이 기생고깔고둥과 구분된다.
· 표면은 연한 갈색이고 안쪽면은 흰색이다.
· 껍질 가장자리에는 작은 홈들이 있다.

▲ 납작기생고깔고둥

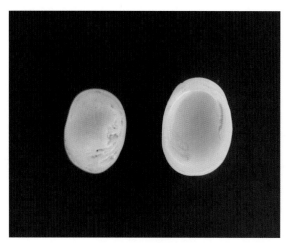

납작고깔고둥

· 조간대 바위에 붙어산다.
· 둥근 삿갓모양으로 매끄럽다.
· 껍질은 딱딱하고 각정은 약간 솟아 있다.
· 표면에는 둥근 판모양의 성장맥이 있다.
· 각구는 넓고 안쪽은 움푹 들어가 있다.

▲ 납작고깔고둥

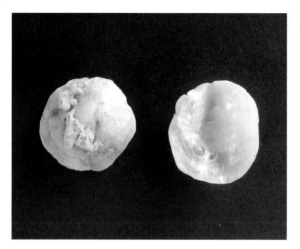

둥근배고둥

- 조간대의 바위에 산다.
- 껍질은 고깔모양이고 두꺼운 편이다.
- 표면은 갈색으로 울퉁불퉁하고 각정부는 약간 뒤로 치우쳐 있다.
- 안쪽면은 옅은 갈색으로 움푹 패어 있다.

▲ 둥근배고둥

수정고둥

- 조간대나 그보다 깊은 바다에 산다.
- 껍질은 황색이며 크고 각정은 뾰족하다.
- 각 층에는 나맥과 종맥이 만나고, 마디가 뚜렷하다.
- 입술은 옆으로 젖혀 있는 것이 특징이다.
- 각구는 긴 타원형으로 안쪽은 흰색이고 주름져 있다.

▲ 수정고둥

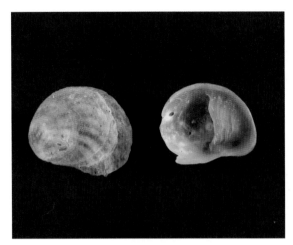
▲ 침배고둥

침배고둥
· 조간대의 바위나 다른 고둥에 붙어산다.
· 껍질은 납작하며 타원형이다.
· 표면은 침 모양의 돌기가 있어 약간 거칠다.
· 안쪽면은 주름진 하얀 격판이 반쯤 덮고 있다.
· 각구 안쪽은 갈색 무늬가 투영되고 광택이 난다.

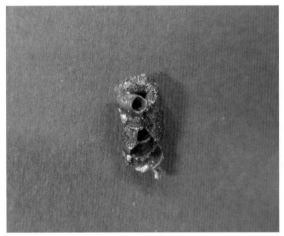
▲ 덩굴뱀고둥

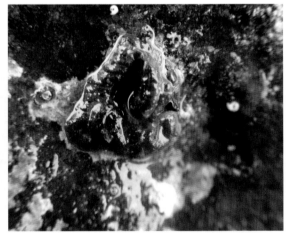
▲ 생태모습

덩굴뱀고둥
· 조간대의 바위나 돌에 붙어산다.
· 껍질은 갈색을 띠며 스프링처럼 말려 있다.
· 껍질에는 종륵과 나륵이 있다.
· 각구 부분은 분리되어 위로 향한다.
· 뱀고둥류 가운데 크기가 작은 편이다.

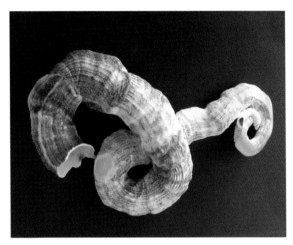

▲ 큰뱀고둥

큰뱀고둥

· 조간대의 바위나 돌에 붙어산다.
· 껍질은 관모양으로 길거나 약간 꼬여 있다.
· 표면은 종륵과 나륵이 만나 약간 거칠다.
· 바위에 붙는 면은 편평하다.
· 각구는 원형으로 약간 위로 솟고 안쪽은 흰색이다.

▲ 점박이개오지

점박이개오지

· 조간대 하부의 해조류가 있는 돌에 산다.
· 껍질은 한쪽이 좁은 타원형이며 개오지류 중 작다.
· 등쪽은 매끄러우며 회갈색 바탕에 갈색 반점이 있다.
· 뚜렷한 특징은 안쪽면에 원형의 붉은 점이 여러 개 있다.
· 안쪽면은 편평하고 각구에는 이랑이 있어 울퉁불퉁하다.
· 상하로 수관이 열려 있다.

별개오지

· 조간대 하부의 해조류가 있는 돌에 산
  다.
· 껍질은 두껍고 단단하며 광택이 있다.
· 등쪽은 갈색 바탕에 크기가 다른 흰 반
  점이 많다.
· 뚜렷한 특징은 양쪽 수관부 부근에 흰점
  이 있다.
· 안쪽면은 연한 황색이며 각구의 이랑은
  흰색이다.
· 상하로 수관이 열려 있다.

▲ 별개오지

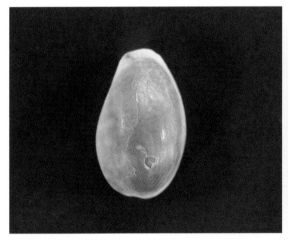
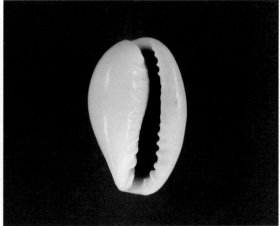

▲ 눈송이개오지 ▲

눈송이개오지

· 조간대보다 깊은 바다에 산다.
· 표면은 황색바탕에 흰점이 많다.
· 안쪽면은 흰색이고 한쪽이 넓고 볼록하다.
· 각구에는 이랑이 강하고 수관이 상하로 열려 있다.

처녀개오지

· 조간대보다 깊은 바다에 산다.
· 껍질은 매끄럽고 두껍다.
· 표면은 적갈색 바탕에 작은 흰색 반점이 많다.
· 안쪽면은 적갈색이며 각구에는 수많은 이랑이 있다.
· 수관은 상하로 열려 있다.

▲ 처녀개오지

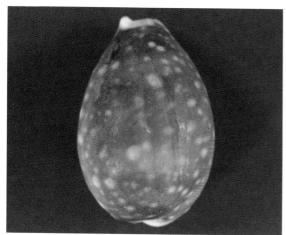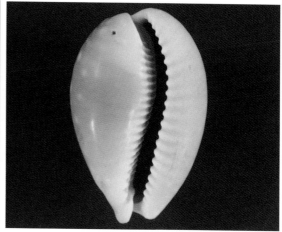

▲ 제주개오지 ▲

제주개오지

· 조간대 하부보다 깊은 바다에 산다.
· 크기가 큰 편이고 타원형이다.
· 표면은 갈색이며 눈송이 모양의 반점이 있다.
· 안쪽면은 흰색이고 각구에는 굵은 이랑이 있다.
· 수관은 상하로 열려 있다.

 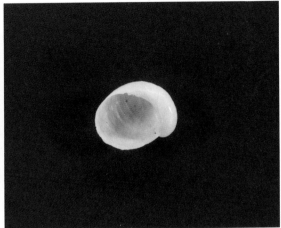

▲ 넓은입배고둥붙이 ▲

넓은입배고둥붙이

· 조간대의 바위나 돌에 산다.
· 껍질은 얇고 전체적으로 흰색이며 반투명하다.
· 표면에 약한 성장선이 있고 광택을 띤다.
· 각구는 상당히 넓다.

반달배꼽구슬우렁이

· 조간대의 모래에 산다.
· 껍질은 갈색바탕에 흰색대나 검은색대가 있고 매끄럽다.
· 각정부는 흰색을 띠고 낮다.
· 안쪽면의 중앙에 배꼽이 반달모양으로 생겼다.
· 각구는 반원모양이고 안쪽은 백색이다.

▲ 반달배꼽구슬우렁이

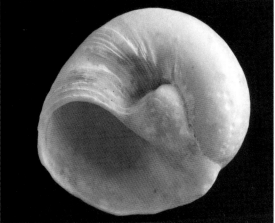

▲ 덮인배꼽큰구슬우렁이 ▲

덮인배꼽큰구슬우렁이
· 조간대의 모래에 산다.
· 각정은 약간 높은 편이다.
· 표면은 황갈색 바탕에 검은 무늬가 나타나며 매끈하다.
· 안쪽면의 배꼽은 제공은 완전히 덮는다.
· 배꼽 주변은 움푹 패어 있다.

▲ 이색구슬우렁이

이색구슬우렁이
· 조간대나 그보다 깊은 모래에 산다.
· 표면은 황색이나 아랫면은 흰색이다.
· 각구는 반원모양으로 안쪽은 흰색 바탕에 갈색 무늬가 있다.
· 배꼽은 직사각형 모양으로 발달하지 않은 편이며 둘로 나누어져 있다.
· 제공은 깊게 뚫려 있다.

높은탑큰구슬우렁이
· 조간대의 모래에 산다.
· 큰구슬우렁이와 비슷하나 각정 부위가
  높다.
· 배꼽은 갈색으로 가운데에 홈이 있고 앞
  으로 약간 나와 있다..
· 제공은 깊게 뚫려 있다.

▲ 높은탑큰구슬우렁이

큰구슬우렁이
· 조간대나 그보다 깊은 모래에 산다.
· 전체적으로 크고 매끄러우며 반원형이
  다.
· 안쪽면은 흰색에 가깝고 배꼽이 둘로 나
  누어진 모양이다.
· 배꼽이 구멍을 반쯤 덮으나 제공은 뚜렷
  하다.
· 각구는 둥그런 반달모양이다.

▲ 큰구슬우렁이

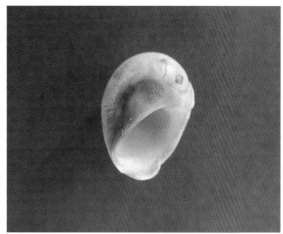

▲ 날씬한갈색긴배꼽고둥 ▲

날씬한갈색긴배꼽고둥
· 조간대보다 깊은 모래에 산다.
· 껍질은 날씬한 편으로 각정은 약간 높다.
· 표면은 황색 바탕에 암갈색 무늬가 있다.
· 배꼽은 길며 암갈색이고 제공은 거의 보이지 않는다.
· 각구는 반달모양이다.

▲ 작은갈색긴배꼽고둥 ▲

작은갈색긴배꼽고둥
· 조간대의 모래에 산다.
· 껍질은 타원형으로 매끄럽고 각정은 낮다.
· 표면은 적갈색 무늬가 널려 있다.
· 배꼽은 검은 보라색으로 길며 제공은 거의 보이지 않는다.
· 각구는 둥그런 반달모양으로 안쪽에는 갈색 무늬가 있다.

넓은띠긴배꼽고둥

· 조간대의 모래에 산다.
· 껍질에는 가는 나맥과 성장선이 있다.
· 표면은 옅은 황색바탕에 갈색 무늬가 둘러싼다.
· 각구는 타원형으로 안쪽에도 흰색바탕에 갈색무늬가 투영된다.
· 배꼽은 진한 갈색으로 좁고 길다.

▲ 넓은띠긴배꼽고둥

 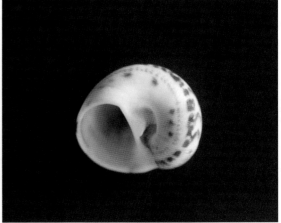

▲ 점줄구슬우렁이 ▲

점줄구슬우렁이

· 조간대의 모래에 산다.
· 껍질은 넓은 타원형으로 매끄럽다.
· 표면에는 짙은 적갈색 줄무늬가 둘러싼다.
· 안쪽면의 중앙에는 흰 배꼽이 있으며 옆에 제공이 있다.
· 각구는 둥그런 반달모양으로 안쪽은 흰색이다.

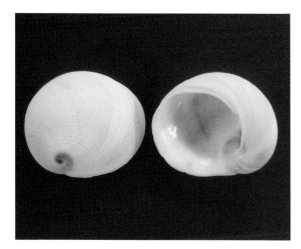

주머니구슬우렁이
· 조간대의 모래에 산다.
· 껍질은 편평하고 낮다.
· 각정부는 연한 보라색을 띠며 약간 말려 안으로 들어가 있다.
· 표면은 가는 나맥과 성장선이 있으며 흰색이다.
· 각구는 상당히 넓고 둥글며 안쪽은 갈색 무늬가 있다.

▲ 주머니구슬우렁이

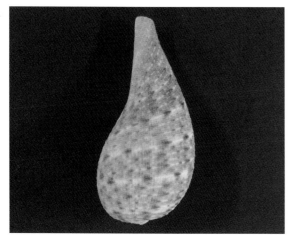 

▲ 표주박고둥 ▲

표주박고둥
· 조간대의 모래에 산다.
· 껍질은 얇은 표주박 모양으로 한 쪽이 가늘다.
· 약한 나륵과 종륵이 교차되나 매끄럽다.
· 표면은 갈색 바탕에 진한 갈색 반점이 있다.
· 각구는 긴 타원형으로 넓으며 안쪽은 옅은 보라색이다.
· 수관 부분은 아래로 길게 열려 있다.

▲ 나팔고둥 ▲

나팔고둥

· 조간대보다 깊은 바다의 모래에 산다.
· 복족류 중 가장 크며 두껍다.
· 표면에는 굵은 나륵과 종륵이 교차된 돌기가 있다.
· 각구는 둥근 타원형으로 넓으며 안쪽은 희다.
· 바깥쪽 입술에는 갈색 주름이 있다.
· 굵은 수관 부분은 아래로 열려 있다.

▲ 분홍입주름뿔고둥(한국미기록종) ▲

분홍입주름뿔고둥

· 조간대보다 깊은 바다에 산다.
· 껍질은 회갈색이며 종륵과 가장자리는 진한 갈색을 띤다.
· 표면에는 굵은 나륵과 종륵이 만나 심하게 돌출된다.
· 껍질을 돌아가면서 몇 개의 굵게 돌출된 종륵이 있다.
· 각구는 긴 타원형으로 안쪽은 흰색이며 주름진다.
· 바깥쪽 입술은 매우 굵고 굴곡이 심하며 껍질밖으로 나와 있다.
· 수관부는 굵고 약간 뒤로 젖혀지며 아래로 열려 있다.
· 길이는 10cm, 폭은 4.5cm 정도 된다.

▲ 각시수염고둥 ▲

각시수염고둥
· 조간대의 해조류가 있는 돌 사이에 산다.
· 껍질은 갈색이고 뭉툭하며 단단하다.
· 살아 있는 껍질에는 긴털이 많으나 죽은 껍질에는 탈락되는 경우가 많다.
· 표면에는 굵은 나륵과 종륵이 만나 심하게 돌출된다.
· 각구는 둥근 타원형으로 안쪽은 흰색이다.
· 바깥쪽 입술은 매우 굵고 검은색의 주름이 심하며 껍질밖으로 나와 있다.
· 수관부는 굵고 약간 뒤로 젖혀지며 아래로 열려 있다.

맵사리
· 조간대의 해조류가 있는 바위나 돌에 산다.
· 껍질은 회색으로 세로로 휘어진 돌출부를 갖는다.
· 각 층은 굵은 나륵과 종륵이 만나 울퉁불퉁하다.
· 각구는 둥근 타원형으로 안쪽은 갈색 무늬가 있다.
· 수관은 껍질이 덮인 공간 아래로 열려 있다.

▲ 맵사리

세뿔고둥

· 조간대의 해조류가 있는 바위나 돌에 산다.
· 전체적으로 방추형이며 붉은색이나 조류가 붙어 다양하다.
· 껍질의 중앙과 가장자리에는 돌출된 뿔이 있다.
· 각 층에는 가는 나맥과 종맥이 교차된다.
· 각구는 타원형이고 안쪽은 희다.
· 수관은 막힌 공간 아래로 길게 열려 있다.

▲ 세뿔고둥

▲ 입주름뿔고둥 ▲

입주름뿔고둥

· 조간대의 해조류가 있는 바위나 돌에 산다.
· 적갈색으로 각정은 뾰족하고 마디가 뚜렷하다.
· 표면은 굵은 나륵과 종륵이 만나 굴곡진 돌기를 이루며 울퉁불퉁하다.
· 각구는 타원형이고 안쪽은 약한 갈색을 띤다.
· 바깥입술에는 여러 개의 돌기들이 있다.
· 수관은 짧고 아래로 열려 있다.

▲ 분홍잎작은수정고둥(한국미기록종) ▲

분홍잎작은수정고둥
· 조간대의 바위나 돌에 산다.
· 회갈색으로 각정은 뾰족하고 마디가 뚜렷하다.
· 표면은 가는 나맥과 종맥이 만나나 부드럽다.
· 각 층의 어깨에는 돌기가 둘러 나 있다.
· 각구는 긴 타원형으로 몸체의 $\frac{2}{3}$ 정도 차지하고 안쪽은 희다.
· 양쪽입술에는 수많은 보라색 주름들이 있다.
· 수관은 짧고 아래로 열려 있다.

탑뿔고둥
· 조간대의 해조류가 있는 바위나 돌에 산다.
· 방추형이고 입주름뿔고둥보다 폭이 좁다.
· 표면은 나륵과 종륵이 만나 울퉁불퉁하다.
· 각구는 타원형으로 안쪽은 흰색에 갈색무늬가 있다.
· 바깥입술 주위에는 돌기가 있다.
· 수관은 아래로 열려져 있다.

▲ 탑뿔고둥

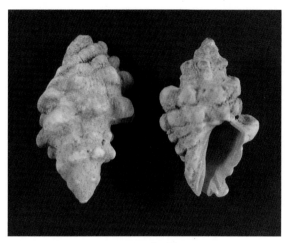

두드럭고둥
· 조간대의 해조류가 있는 바위나 돌에 산다.
· 껍질은 황백색이며 매우 단단하다.
· 표면은 굵은 나륵과 종륵이 만나 돌출된 돌기들이 많이 나 있다.
· 각구는 둥근 타원형으로 안쪽은 황색이다.
· 수관은 아래로 열려져 있다.

▲ 두드럭고둥

▲ 뿔두드럭고둥 ▲

뿔두드럭고둥
· 조간대의 해조류가 있는 바위나 돌에 산다.
· 두드럭고둥과 비슷하나 크기가 작다.
· 각 층에는 나륵과 종륵이 만나 뾰족한 검은 돌기가 나 있다.
· 각구는 타원형이며 안쪽은 황백색이다
· 바깥입술은 울퉁불퉁하며 일부는 밖으로 약간 돌출되어 있다.
· 수관은 짧고 아래로 열려 있다.

▲ 대수리

대수리

· 조간대의 해조류가 있는 바위나 돌에 산다.
· 두드럭고둥보다 훨씬 작으며 흑갈색이고 단단하다.
· 표면에는 두드럭고둥처럼 돌출된 돌기들이 많이 나 있다.
· 각구는 타원형이고 안쪽은 보라색이다
· 윗입술은 희고 아랫입술에는 진한 보라색을 무늬가 있다.
· 수관은 짧고 아래로 열려 있다.

▲ 갈색띠매물고둥

갈색띠매물고둥

· 조간대나 그보다 깊은 바다에 산다.
· 껍질은 갈색 바탕에 진한 갈색 띠가 나타난다.
· 각 층은 약한 나맥과 종맥이 교차된다.
· 각 층의 어깨에는 돌출된 강한 돌기가 있다.
· 각구는 긴 타원형으로 안쪽은 표면의 갈색이 투영된다.
· 윗입술은 두툼하고 희다.
· 긴 수관이 아래로 열려 있다.

돼지고둥

▲ 돼지고둥

- 조간대의 모래에 산다.
- 껍질은 두껍고 마디는 뚜렷하며 각정은 뾰족하다.
- 표면과 안쪽면은 갈색이다.
- 각 층은 나륵과 종륵이 교차되며 어깨에는 돌기가 있다..
- 각구는 긴 타원형으로 안쪽은 많은 주름이 있다.
- 수관 부위는 길며 휘어져 있다.

구름무늬돼지고둥

▲ 구름무늬돼지고둥

- 조간대의 모래에 산다.
- 표면은 황색바탕에 흰점이 산재해 있다.
- 각 층에는 나륵과 종륵이 교차되어 과립을 이룬다.
- 각구는 타원형으로 안쪽은 갈색을 띠며 많은 주름이 있다.
- 수관은 약간 휘어지며 아래로 열려 있다.

쇠털껍질고둥

- 조간대의 해조류가 있는 돌이나 모래에 산다.
- 껍질에는 가는 털이 있고 적갈색이다.
- 표면은 가는 나맥과 종맥이 교차된다.
- 각구는 타원형이며 안쪽은 연한 갈색으로 주름이 많다.
- 양쪽입술에는 작은 돌기들이 있다.
- 수관은 아래로 열려 있다.

▲ 쇠털껍질고둥

 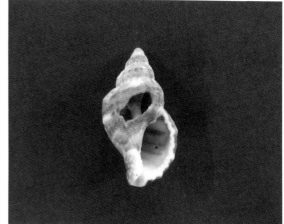

▲ 북방물레고둥 ▲

북방물레고둥

- 조간대보다 깊은 바다에 산다.
- 껍질은 두껍고 각정은 뾰족하다.
- 각 층에는 강한 돌기 모양의 나륵이 발달한다.
- 각구는 둥근 타원형으로 안쪽은 갈색 무늬가 있다.
- 아랫쪽 입술에는 주름이 있다.

타래고둥

· 조간대의 해조류가 있는 돌이나 바위에 산다.
· 껍질은 방추형이고 길며 마디가 뚜렷하다.
· 표면은 녹갈색이고 종맥이 있으나 매끄럽다.
· 각구는 타원형으로 안쪽은 보라색 주름이 있다.
· 수관은 아래로 열려 있다.

▲ 타래고둥

▲ 매끈이고둥 ▲

매끈이고둥

· 조간대나 그보다 깊은 바다 암석에 산다.
· 껍질은 회백색이고 매우 단단하고 매끈하다.
· 각 층에는 가는 나맥과 있고 어깨 부근에는 강한 돌기가 있다.
· 각구는 긴 타원형으로 안쪽은 흰색이다.
· 수관은 아래로 열려 있다.

무늬무륵
· 조간대의 해조류가 있는 바위나 돌에 산다.
· 방추형이고 표면에는 갈색 무늬가 있다.
· 크기가 작으나 매우 단단하고 두껍다.
· 각 층의 어깨부분이 부풀어 있다.
· 각구는 길고 좁으며 안쪽은 희다.
· 입술은 두꺼우며 돌기가 있고, 수관은 아래로 열려 있다.

▲ 무늬무륵

▲ 고운점무늬무륵 ▲

고운점무늬무륵
· 조간대의 해조류가 있는 바위나 돌에 산다.
· 방추형이고 무륵에 비해 가늘고 길다.
· 표면은 갈색 바탕에 흰점이 둘러 나 있다.
· 각구는 길고 좁으며 안쪽은 옅은 갈색이다.
· 입술에는 여러 개의 돌기가 나 있고, 수관은 아래로 열려 있다.

▲ 무륵

무륵

· 조간대의 해조류가 있는 바위나 돌에 산다.
· 방추형이고 표면은 매끄럽다.
· 표면은 갈색이며 마디 부위에 노란 반점이 둘러 나 있다.
· 각구는 길고 좁으며 안쪽은 옅은 갈색이다.
· 입술에는 작은 돌기가 있다.
· 수관은 아래로 열려 있다.

▲ 그물무늬무륵

그물무늬무륵

· 조간대의 해조류가 있는 돌에 산다.
· 무륵과 비슷하나 흑갈색 무늬가 그물처럼 얽혀 있다.
· 무늬나 색채가 다양하다.
· 각구는 길고 좁으며 안쪽은 흰색이다.
· 각정은 흰색이며 마디는 뚜렷한 편이다.
· 수관은 아래로 열려 있다.

▲ 보리무륵

보리무륵

· 조간대의 해조류가 있는 바위나 돌에 산
  다.
· 방추형이고 매끄러운 편으로 각정은 뾰
  족하다.
· 입술에 작은 돌기가 있는 것도 있고 없
  는 것도 있다.
· 채색 변이가 심하고 광택은 없다.
· 각구는 긴 타원형으로 수관은 아래로 열
  려 있다.

▲ 좁쌀무늬고둥

좁쌀무늬고둥

· 조간대의 해조류가 있는 돌이나 모래에
  산다.
· 방추형이고 적갈색이며 각정은 뾰족하
  다.
· 표면은 종륵과 나륵이 만나 수많은 과립
  을 이룬다.
· 각구는 타원형으로 안쪽은 흰색 바탕에
  갈색 무늬가 있다.
· 아랫입술에는 돌출된 돌기가 여러 개 있
  다.
· 수관은 아래로 열려 있으며 반대쪽은 작
  은 U자형 홈이 있다.

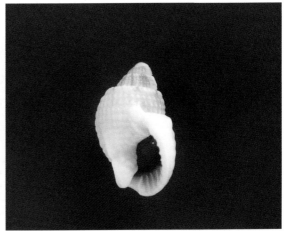

▲ 보석알좁쌀무늬고둥 ▲

보석알좁쌀무늬고둥
· 조간대나 그보다 깊은 바다의 모래에 산다.
· 좁쌀무늬고둥과 비슷하나 껍질의 폭이 넓고 과립이 크다.
· 수관 부위는 좁쌀무늬고둥보다 약간 돌출되어 있다.
· 나머지 특징은 좁쌀무늬고둥과 유사하다.

▲ 털탑고둥 ▲

털탑고둥
· 조간대의 모래에 산다.
· 황색털이 온 몸을 덮으나 죽은 껍질은 탈락되어 희다.
· 표면은 나륵이 발달하고 어깨에는 굵은 종륵 돌기가 있다.
· 각구는 타원형이고 안쪽은 황갈색이며 주름져 있다.
· 바깥입술에는 톱니모양의 주름이 있다.
· 수관은 길게 아래로 열려져 있다.

▲ 매끈이긴뿔고둥 ▲

매끈이긴뿔고둥

· 조간대의 해조류가 있는 돌에 산다.
· 전체에 갈색의 짧은 털이 있고 각정은 뾰족하다.
· 각 층은 부풀고 가는 나륵과 종륵이 발달한다.
· 각구는 타원형이고 바깥 입술에는 주름이 있다.
· 수관은 긴 편은 아니며 아래로 열려 있다.

▲ 꼬리긴뿔고둥 ▲

꼬리긴뿔고둥

· 조간대보다 깊은 바다의 돌이나 모래에 산다.
· 황갈색이고 마디는 뚜렷하며 각 층은 부풀어 있다.
· 각 층에는 종륵과 나륵이 있다.
· 수관 부위는 몸체에 비해 길며 덜 열려져 있다.
· 각구는 타원형이고 바깥입술은 주름져 있다.

▲ 대추고둥

대추고둥
· 조간대나 그보다 깊은 바다의 돌이나 모래에 산다.
· 긴 타원형으로 각정 부위는 아주 낮다.
· 표면은 황색바탕에 밤색 무늬가 세로로 휘어져 있다.
· 각구는 좁고 길며 수관은 아래로 열려져 있다.
· 입술 부위에는 많은 주름선이 있다.

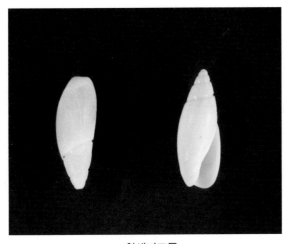

▲ 흰색띠고둥

흰색띠고둥
· 조간대의 모래에 산다.
· 크기는 작으며 날씬하고 몸체는 흰색이다.
· 표면은 매끄러우며 마디가 뚜렷하고 광택이 난다.
· 각구는 긴 타원형으로 안쪽은 희다.
· 수관은 아래로 넓게 열려 있다.

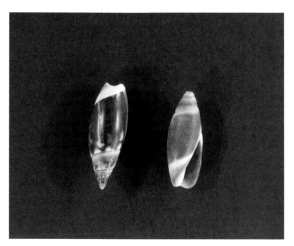
▲ 밤색띠고둥

밤색띠고둥
· 조간대 모래밭에 산다.
· 껍질은 크기가 작고 날씬하며 갈색을 띤다.
· 표면은 광택이 있고 마디는 뚜렷하다.
· 각구는 긴 타원형으로 안쪽은 갈색이다.
· 윗입술은 두툼하고 옅은 갈색 띠가 있다.
· 아래쪽으로 넓게 수관이 열려져 있다.

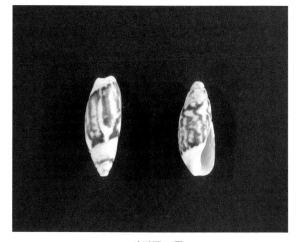
▲ 밤색줄고둥

밤색줄고둥
· 조간대 모래밭에 산다.
· 밤색띠고둥과 유사하나 갈색 무늬가 어지럽게 널려 있다.
· 마디가 뚜렷하며 광택이 있고 날씬하다.
· 각구는 긴 타원형으로 안쪽은 희다.
· 수관이 넓게 아래로 열려져 있다.

긴밤색띠고둥
· 조간대 모래밭에 모여 산다.
· 표면은 광택이 있고 날씬하며 매끈하다.
· 밤색띠고둥보다 작고 폭이 약간 좁으며
  옅은 갈색 무늬가 있다.
· 마디가 뚜렷하고 각정은 뾰족하다.
· 각구는 긴 타원형이고 안쪽은 희다.

▲ 긴밤색띠고둥

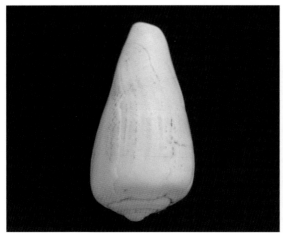 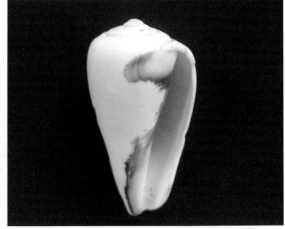

▲ 어깨혹청자고둥 ▲

어깨혹청자고둥
· 조간대의 해조류가 있는 돌이나 바위에 산다.
· 어깨에 혹 같은 돌기가 나와 있고 각정 부위는 매우 낮다.
· 청자고둥보다 작고 폭이 넓다.
· 표면은 갈색바탕에 가는 무늬가 세로로 비스듬히 나 있다.
· 각구는 길며 안쪽은 옅은 갈색이고 수관은 아래로 열려 있다.
· 본 표본은 오래되어 탈색되었다.

▲ 혹줄청자고둥

혹줄청자고둥

· 조간대보다 깊은 바다의 모래에 산다.
· 껍질은 갈색이고 마디가 뚜렷하며 각정은 뾰족하다.
· 각 층에는 가는 나맥이 발달하고 어깨에는 돌기가 있다.
· 각구는 비교적 좁고 길며 수관은 아래로 열려 있다.
· 바깥 입술은 안으로 말린다.

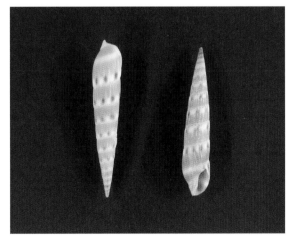

▲ 죽순고둥

죽순고둥

· 조간대의 모래에 산다.
· 각정부는 뾰족하며 옅은 붉은색을 띤다.
· 표면에는 백색 띠에 붉은색 반점이 있다.
· 각구는 타원형이며 안쪽은 갈색 무늬가 있다.
· 수관은 아래로 열려 있다.

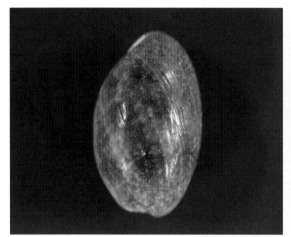

▲ 대추두더지고둥 ▲

대추두더지고둥
- 조간대의 모래에 산다.
- 껍질의 각정부는 함몰되어 작은 구멍을 이룬다.
- 표면은 갈색 바탕에 흰색 반점이 산재해 있다.
- 각구는 몸체 길이만큼 길며 안쪽에는 갈색무늬가 투영된다.
- 수관은 상하로 넓게 열려 있다.

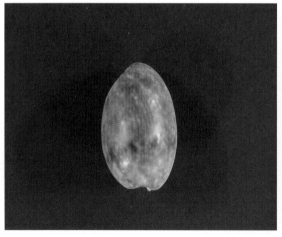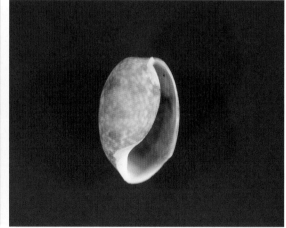

▲ 흰반점두더지고둥 ▲

흰반점두더지고둥
- 조간대의 모래에 산다.
- 대추두더지고둥과 비슷하나 크기가 작고 갸름하다.
- 나머지 특징은 대추두더지고둥과 유사하다.

포도고둥
· 조간대의 해조류가 있는 돌에 모여 산
  다.
· 껍질은 매우 얇고 흰색이며 광택이 난
  다.
· 각정 부위는 함몰되어 있다.
· 각구는 몸체 길이만큼 길며 아래쪽이 넓
  다.
· 수관은 상하로 넓게 열려져 있다.

▲ 포도고둥

▲ 갈색포도고둥 ▲

갈색포도고둥
· 조간대의 해조류가 있는 돌에 모여 산다.
· 포도고둥과 유사하나 표면은 옅은 갈색을 띤다.
· 나머지 특징은 포도고둥과 유사하다.

▲ 고랑따개비 ▲

고랑따개비

· 조간대 상부 및 중부의 바위나 조수웅덩이에 붙어산다.
· 삿갓모양으로 각정은 약간 뒤로 치우쳐 있다.
· 각정에서 사방으로 뻗은 굵게 돌출된 방사륵이 있다.
· 표면은 누르스름하고 안쪽면은 진한보라색이다.
· 안쪽면의 가장자리는 흰색 띠가 나타나며 주름져 있다.
· 서식지에 따라 색채와 방사륵의 수가 다양하다.

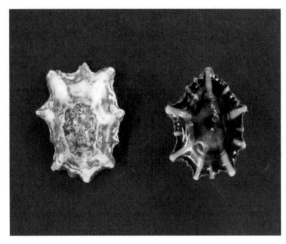

▲ 꽃고랑따개비

꽃고랑따개비

· 조간대 상부 및 중부의 바위나 조수웅덩이에 붙어산다.
· 삿갓모양으로 각정부가 약간 뒤로 치우쳐 있다.
· 5-7개의 흰 방사륵이 뚜렷하며 가장자리는 굴곡져 있다.
· 표면은 누르스름하고 안쪽면은 검은보라색이다.
· 안쪽면에도 표면의 흰 방사륵 띠가 투영된다.
· 안쪽의 근육이 붙었던 자리는 적갈색이다.

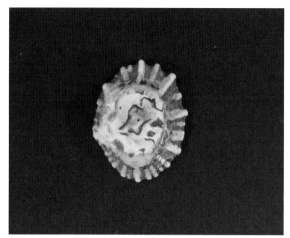
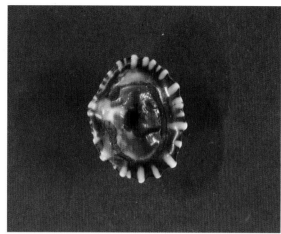

▲ 검은고랑따게비 ▲

검은고랑따게비

· 조간대 상부 및 중부의 바위나 조수웅덩이에 붙어산다.
· 껍질은 두껍고 낮은 편이다.
· 굵고 흰 방사륵이 20개 내외 나타나며 사이에는 선이 없다.
· 안쪽면에는 보라색의 방사륵 띠가 나타난다.
· 안쪽의 근육이 붙었던 자리는 짙은갈색이다.

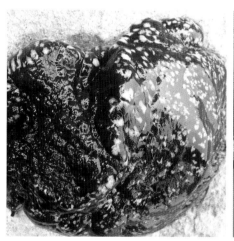
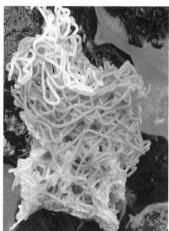

▲ 군소   ▲ 군소의 알 ▲

군소

· 조간대의 해조류가 있는 돌이나 바위에 산다.
· 검은 바탕에 작은 흰색 반점이 많이 있다.
· 촉감은 물렁물렁하고 몸체를 잡으면 보라색 즙을 낸다.
· 바위틈이나 해조류에 국수 모양의 알을 엉기게 낳는다.
· 알의 색은 노란색, 황색, 흰색 등 다양하다.

▲ 검은테군소

검은테군소
· 조간대나 그보다 깊은 바다의 해조류가
  있는 돌이나 바위에 산다.
· 적갈색 바탕에 작은 흰색 반점이 있다.
· 군소류 중에서 크기가 작은 편에 속한
  다.
· 몸의 가장자리는 검은 띠가 둘러 있다.
· 비교적 드물게 발견된다.

갯민숭달팽이류의 명칭

아가미

촉각

· **촉각** : 몸체의 밖으로 돌출되어 있으며 더듬이 역할을 한다
· **아가미** : 등면에 잔가지를 친 다발이 한 묶음으로 돌출되 있다

▲ 흰갯민숭달팽이

흰갯민숭달팽이
· 조간대의 돌 사이에 산다.
· 등쪽은 황백색이고 앞쪽에는 붉은색 촉각이 1쌍 있다.
· 등면에는 타원형의 검은 반점들이 있다.
· 몸의 옆 둘레는 오렌지색이다.
· 뒤쪽의 아가미는 노란색이며 항문이 있다.

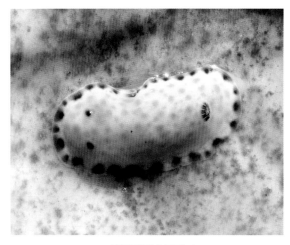

▲ 점점갯민숭달팽이

점점갯민숭달팽이
· 조간대의 돌 사이에 산다.
· 전체적으로 작으나 폭이 넓고 납작하다.
· 등면에는 연한 미색 바탕에 노란색 점들이 산재해 있다.
· 등면의 가장자리에는 보라색 점들이 줄지어 있다.
· 앞쪽에는 1쌍의 촉각이 있으며 보라색을 띤다.
· 뒤쪽의 아가미는 보라색이다.

▲ 파랑갯민숭달팽이

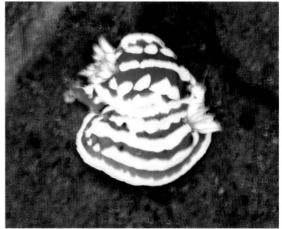

▲ 파랑갯민숭달팽이의 짝짓기 모습

파랑갯민숭달팽이

· 조간대의 돌 사이에 산다.
· 등면은 청색이고 황색 줄이 있다.
· 앞쪽에는 뾰족한 1쌍의 붉은색 촉각이 있다.
· 뒤쪽의 아가미는 빨간색이며 가운데 항문이 있다

▲ 긴갯민숭이

긴갯민숭이

· 조간대나 그보다 깊은 바다의 돌 사이에 산다.
· 몸에는 갈색무늬가 그물처럼 퍼져있다
· 몸의 군데군데에 튀어나온 다리모양의 촉각이 있다.
· 각 촉각에는 몇 개의 흰 돌기가 나 있다.

3. 부족류(이매패류)

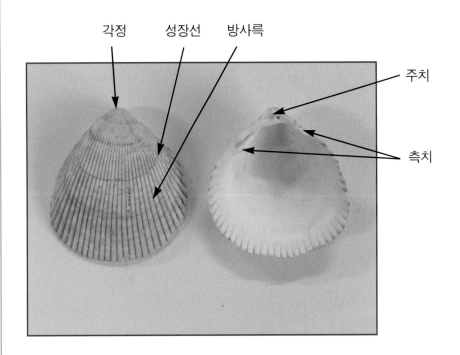

조개류의 명칭

각정　　성장선　　방사륵

주치

측치

· **각정** : 조개와 같은 이매패류 껍질의 가장 높은 부분을 말하며 껍질의 높이를 측정하는 기준
· **성장선** : 이매패류에서 가로로 둘러난 선을 말하며, 계절에 따른 성장 속도의 차이로 인하여 생기며 식물의 나이테처럼 나이를 짐작할 수 있다. 굵은 성장선을 성장륵 또는 윤륵이라고 한다
· **방사륵** : 이매패류 껍질의 각정부에서 사방으로 비스듬히 뻗은 굵은 돌기
· **주치** : 이매패류의 각정부 안쪽에 나 있는 이를 말하며 측치와 더불어 교치라고 부른다
· **측치** : 치의 좌우에 길게 뻗어 있는 이를 말하며 주치 부위와 더불어 이가 나 있는 부분을 교판이라고 한다

홍합

▲ 홍합

· 조간대의 바위면이나 틈에 붙어 무리지어 산다.
· 전체적으로 삼각형 모양이다.
· 껍질은 두껍고 표면의 성장맥이 거칠다.
· 껍질 아래의 가장자리 부분은 거의 직선이다.
· 표면과 안쪽면은 검푸른색을 띠며 광택을 낸다.

지중해담치

▲ 지중해담치

· 조간대의 바위나 방파제 및 어망에 무리지어 산다.
· 홍합과 비슷하나 껍질이 얇고 성장맥이 가늘며 매끄럽다.
· 표면과 안쪽면은 검보라색이며 광택을 낸다.
· 아래 가장자리 부분은 거의 직선이다.
· 진주담치로 불려왔던 종이다.

▲ 두눈격판담치

두눈격판담치

· 조간대의 해조류가 있는 바위에 붙어산
  다.
· 껍질은 두꺼우며 각피가 벗겨진 것도 있
  다.
· 표면은 갈녹색으로 성장맥과 방사맥이 만
  나 약간 거칠다.
· 안쪽면은 청백색으로 가장자리 부분은 주
  름이 있다.
· 앞쪽은 휘어지고 안쪽의 각정 부위에 흰
  격판이 있다.

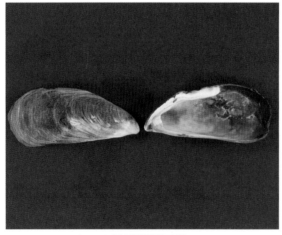

▲ 굵은줄격판담치

굵은줄격판담치

· 조간대의 바위틈에 무리지어 산다.
· 긴 타원형으로 앞쪽은 새의 부리 모양을
  한다.
· 앞쪽은 방사륵, 뒤쪽은 성장맥이 뚜렷하
  다.
· 표면은 검보라색이고 각피가 벗겨진 것들
  도 있다.
· 안쪽면은 보라색을 띠고 각정 부근에 격
  판이 있다.

▲ 격판담치

격판담치

· 조간대의 해조류가 있는 바위에 무리지어 산다.
· 굵은줄격판담치보다 크기가 작고 굵은 방사륵이 있다.
· 앞쪽은 뾰족하고, 안쪽 각정 부근에는 흰 격판이 있다.
· 표면은 검은 갈색이고 안쪽면은 보라색인 점도 굵은줄격판담치와 구분된다.

▲ 애기돌맛조개

애기돌맛조개

· 조간대 하부의 바위나 패류 표면 또는 사암에 들어가 살기도 한다.
· 껍질은 긴타원형으로 표면은 황갈색이다.
· 껍질의 아랫면은 직선이나 등선은 양쪽으로 경사진다.
· 표면은 성장맥이 있고 안쪽면은 광택을 띤다.

복털조개
· 조간대의 바위 틈에 붙어산다.
· 긴 타원형으로 뒤쪽이 높고 넓으며 각정부는 앞으로 치우친다.
· 껍질은 가는 성장선과 방사륵이 만나 약간 거칠다.
· 표면은 갈색 각피가 있으며 쉽게 벗겨진다.
· 안쪽면은 흰색이고 교판에는 측치가 많다.

▲ 복털조개

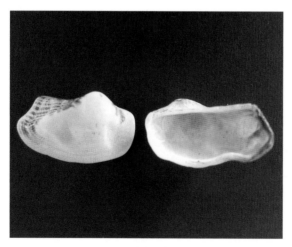

돌조개
· 조간대의 바위 틈에 붙어산다.
· 전체적으로 직사각형 모양이고 껍질은 단단하다.
· 껍질은 방사륵과 가는 성장맥이 만나고 울퉁불퉁한 부분이 있다.
· 표면은 갈색털로 덮여 있으나 죽은 껍질에는 탈락된다.
· 안쪽면은 흰색이고 교판에는 측치가 많다.

▲ 돌조개

어긋물린새꼬막
· 조간대의 모래나 진흙에 산다.
· 전체적으로 직사각형에 가까우나 아래가
  둥글다.
· 껍질의 가장자리 부분에는 갈색털이 있으
  나 쉽게 벗겨진다.
· 표면에는 방사륵이 촘촘히 나타나고 성장
  선이 있다.
· 한쪽 껍질에만 방사륵 위에 돌출된 과립
  이 있다.
· 안쪽면은 흰색이고 표면의 방사륵이 투영
  된다.
· 교판에는 작은 측치가 많다.

▲ 어긋물린새꼬막

▲ 꼬막 ▲

꼬막
· 조간대의 모래나 진흙에 산다.
· 새꼬막과 비슷하나 표면의 털은 없다.
· 양쪽 껍질에는 굵은 방사륵과 돌출된 과립이 있어 촉감은 거칠다.
· 방사륵 수는 새꼬막의 반 정도 된다.
· 안쪽은 희고 방사륵이 투영되며 교판에는 측치가 많다.

밤색무늬조개

· 조간대의 모래밭에 산다.
· 전체적으로 원형에 가깝고 껍질은 단단하다.
· 가는 성장맥과 방사맥이 교차되나 매끄럽다.
· 표면의 색채는 다양하고 갈색이나 흰색 반점들이 나타나는 경우가 많다.
· 안쪽면은 흰색에 가깝고 교판에는 측치가 많다.

▲ 밤색무늬조개

 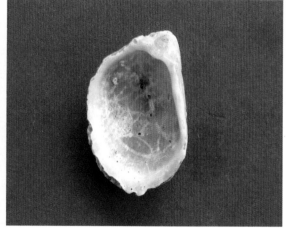

▲ 삼태기개가리비 ▲

삼태기개가리비

· 조간대의 암석에 붙어산다.
· 전체적으로 삼태기 모양이며 각정부는 앞으로 매우 치우쳐 있다.
· 표면은 황갈색이고 굵은 방사륵이 촘촘히 있다.
· 안쪽면은 옅은 황색이고 방사륵이 투영된다.
· 교판에는 교치와 측치가 있다.

▲ 이랑줄조개

이랑줄조개

· 조간대의 모래에 산다.
· 전체적으로 원형에 가깝고 각정부는 산모양이며 앞으로 치우친다.
· 표면은 갈색바탕에 흰무늬가 있고, 뚜렷한 방사맥과 성장맥이 교차된다.
· 안쪽면은 흰색 바탕에 약한 갈색 무늬가 나타난다.
· 교판에는 측치가 많다.

▲ 좁은개가리비

좁은개가리비

· 조간대의 자갈에 붙어산다.
· 각정부는 약간 볼록하고 앞으로 치우쳐 있다.
· 껍질은 폭이 좁으며 투명하지 않다.
· 표면은 흰색 바탕에 약한 갈색이 돌고 가는 방사맥이 있다.
· 안쪽면은 흰색이며 교치에는 주치가 있다.

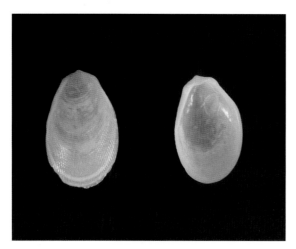

▲ 빗개가리비

빗개가리비
· 조간대의 돌이나 바위에 붙어산다.
· 껍질은 작은 편이며 타원형으로 얇다.
· 표면은 옅은 갈색이고 안쪽면은 흰색이
  다.
· 가는 방사맥과 성장맥이 나타난다.
· 교치는 없다.

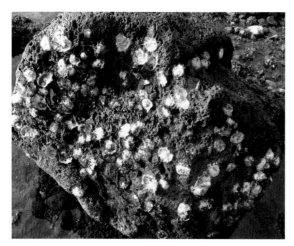

▲ 바위굴

바위굴
· 조간대의 바위에 흔하고 무리지어 붙어산
  다.
· 흰색으로 둥근 타원형에 가까우나 모서리
  는 불규칙하다.
· 왼쪽 껍질은 성장선이나 무늬가 없이 납
  작한 편이다.
· 오른쪽 껍질은 바위에 붙는다.

주름가시굴
· 조간대의 바위에 붙어산다.
· 간혹 떠다니는 어구나 판자에 붙어 있는 경우도 있다.
· 얇은 판 모양의 껍질이 여러 겹 있다.
· 갈색 또는 검은보라색을 띠는 작은 관 모양의 돌기가 있다.
· 관돌기에는 주름들이 열 지어 나타난다.
· 껍질의 부풀음이 약하다.

▲ 주름가시굴

 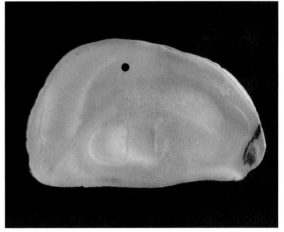

▲ 굴 ▲

굴
· 조간대의 바위에 붙어산다.
· 굴 무리 중 대형에 속하고 긴 타원형이다.
· 표면은 검은 보라색이고 얇은 판 모양의 껍질이 여러 겹 있다.
  (사진은 껍질이 오래되어 판 모양이 탈락되었다)
· 서식지에 따라 껍질의 형태, 색, 두께가 다양하다.
· 양식하는 종이다.

▲ 굴아재비

굴아재비
· 조간대나 그보다 깊은 바다의 암석에 붙어산다.
· 둥근 모양이고 작으며 껍질은 두껍다.
· 표면은 분홍색을 띠고 작은 돌기가 나 있다.
· 안쪽면은 흰색이다.

▲ 햇빛굴아재비

햇빛굴아재비
· 조간대나 그보다 깊은 바다의 암석에 붙어산다.
· 전체적으로 둥글며 황색 바탕에 붉은 무늬를 띤다.
· 표면에는 가는 관모양의 돌기가 있다.
· 안쪽면은 흰색 바탕에 약간의 분홍색 무늬가 있다

보라굴아재비
· 조간대의 암석에 붙어산다.
· 몸체는 뚜껑모양이고 회색바탕에 보라색
  무늬가 있다.
· 껍질의 가장자리에는 작은 가시가 있다.
· 안쪽면은 흰색 바탕에 보라색 무늬가 감
  돈다.

▲ 보라굴아재비

▲ 못난이국화조개 ▲

못난이국화조개
· 조간대의 바위에 붙어산다.
· 껍질은 두껍고 납작하며 굵은 가시가 있어 거칠다.
· 표면은 적갈색을 띠며 가는 방사맥들이 나 있다.
· 안쪽면은 희고 가장자리는 붉은 빗살모양이다.
· 교판에는 3개의 주치가 있다.

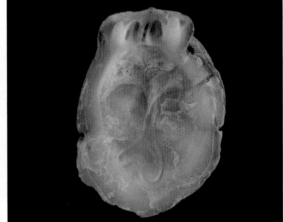

▲ 가시국화조개 ▲

가시국화조개
· 조간대의 돌에 붙어산다.
· 접시국화조개보다 납작하다.
· 못난이국화조개보다 껍질이 두껍다.
· 표면에는 거친 방사륵이 있고 가시가 있어 거칠다.
· 안쪽면은 희고 가장자리는 붉은 빗살모양이다.
· 교판에는 3개의 주치가 있다.

가리비류의 명칭

앞귀   뒤귀

비늘

방사록   성장선

· **앞귀** : 각정부의 두 귀 중 바위에 붙는 족사가 나오는 틈이 있
  는 쪽의 귀
· **비늘** : 방사록 표면에 난 가시같은 구조의 돌출물
· **방사록** : 가리비류 껍질의 각정부에서 사방으로 비스듬히 뻗
  은 굵은 돌기
· **성장선** : 가리비류에서 가로로 둘러난 선을 말하며, 계절에
  따른 성장 속도의 차이로 인하여 생긴다

국자가리비

· 조간대나 그보다 깊은 바다의 모래에 산다.
· 오른쪽 껍질은 국자모양이고 왼쪽 껍질은 편평하다.
· 각정 부분은 붉은색을 띤다.
· 굵은 방사륵이 8-10줄 있고 이랑이 깊다.
· 안쪽면에도 표면처럼 방사륵과 이랑이 있다.
· 사진의 오른쪽 껍질은 일부가 깨져 떨어져 있다.

▲ 국자가리비

▲ 짝귀비단가리비 ▲

짝귀비단가리비

· 조간대나 그보다 깊은 바다의 모래에 산다.
· 왼쪽 귀가 훨씬 크며 양쪽 껍질은 약간 부불어 있다.
· 껍질은 작고 얇으며 색깔의 변이가 심하다.
· 표면에는 가는 방사륵이 촘촘하고 작은 비늘 돌기가 있다.
· 흰무늬나 검은 반점이 나타나기도 한다.

▲ 파래가리비 ▲

파래가리비
· 조간대나 그보다 깊은 바다의 모래에 살고 흔하다.
· 껍질은 약간 부풀고 크기는 가리비류 가운데 중간 정도이다.
· 방사륵과 작은 방사륵이 뚜렷하고 비늘돌기가 있어 거칠다.
· 표면은 적갈색 바탕에 흰무늬가 산재하나 변이가 심하다.
· 안쪽면은 흰색 바탕에 자주색을 띤다.
· 종전에는 비단가리비로 불렸던 종이다.

▲ 비단가리비 ▲

비단가리비
· 조간대나 그보다 깊은 바다의 모래에 산다.
· 파래가리비와 유사하나 크기가 작다.
· 방사륵에는 비늘이 없어 거칠지 않다.
· 색채 변이가 심하며 갈색띠가 둥글게 나타난다.

비늘비단가리비
· 조간대나 그보다 깊은 바다의 모래에 산다.
· 껍질은 둥근편이고 색깔은 다양하다.
· 굵은 방사륵 사이에 가는 선들이 밀집해 있다.
· 표면에는 비늘모양의 흰 돌기가 길게 산재해 있다.

▲ 비늘비단가리비

 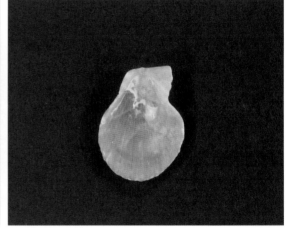

▲ 갈매기무늬붉은비늘가리비 ▲

갈매기무늬붉은비늘가리비
· 조간대나 그보다 깊은 바다의 모래에 산다.
· 표면에는 몇 개의 갈매기 모양의 긴 비늘이 가로지른다.
· 굵은 방사륵 사이에 가는 선들이 밀집해 있다.
· 앞귀가 크며 뒤귀에는 경사진 흰색 줄무늬가 있다.
· 색채변이가 심하다.

▲ 분홍바탕흰점가리비

분홍바탕흰점가리비
· 조간대나 그보다 깊은 바다의 모래에 산
  다.
· 껍질은 다소 부풀어 있고 가는 방사륵이
  촘촘히 난다.
· 표면은 분홍색 바탕에 흰 반점이 있다.
· 안쪽면은 옅은 보라색을 띠고 방사륵이
  투영된다.

▲ 큰가리비

큰가리비
· 조간대보다 깊은 바다의 모래에 산다.
· 왼쪽 껍질은 붉은 갈색을 띠고 약간 오목
  하다.
· 오른쪽 껍질은 흰색으로 왼쪽보다 더욱
  오목하다.
· 방사륵은 뚜렷하고 24-26줄이다.
· 양쪽 귀의 크기는 거의 같다.

주름방사륵조개
· 조간대의 바위나 돌에 붙어산다.
· 각정부는 앞쪽으로 치우쳐 있다.
· 표면에는 주름진 방사륵이 촘촘히 있다.
· 안쪽면은 흰색 바탕에 연한 갈색 무늬가
  있다.
· 교판에는 주치와 측치가 있다.

▲ 주름방사륵조개

▲ 큰고랑조개 ▲

큰고랑조개
· 조간대보다 깊은 바다의 모래에 산다.
· 껍질은 두껍고 표면은 갈색을 띤다.
· 각정 부근은 방사륵 위에 벽돌을 쌓아 올린 것처럼 보인다.
· 표면은 주름진 방사륵이 나타난다.
· 안쪽면은 흰색 바탕에 옅은 황색 무늬가 나타난다.
· 교판에는 주치와 측치가 있다.

▲ 소쿠리조개

소쿠리조개
· 조간대보다 깊은 바다의 모래에 산다.
· 껍질은 두껍고 굵은 방사륵이 촘촘히 있다.
· 표면은 황갈색이고 보라색 성장맥이 나타난다.
· 안쪽면은 흰색이고 가장자리는 보라색 이랑이 있다.
· 교판에는 주치와 측치가 있다.

▲ 개량조개

개량조개
· 조간대의 진흙이나 모래에 산다.
· 껍질은 갈색이고 매끄러우며 광택을 띤다.
· 표면에 갈색대가 나타나는 경우가 있다.
· 안쪽면은 흰색 바탕에 보라색 무늬가 감돈다.
· 교판에는 주치와 측치가 있다.

▲ 명주개량조개

명주개량조개

· 조간대의 모래에 산다.
· 껍질은 크고 딱딱하며 황갈색으로 광택이 난다.
· 각정부는 높고 보라색을 띤다.
· 표면에는 돌출된 성장륵이 있어 약간 거칠다.
· 안쪽면은 약한 보라색을 띠고 광택이 있다.
· 교판에는 주치와 측치가 있다.

▲ 북방대합

북방대합

· 조간대의 진흙이나 모래에 산다.
· 각정부는 높고 옅은 보라색을 띤다.
· 성장륵이 뚜렷하며 약간 거칠다.
· 표면은 옅은 갈색이고 안쪽면은 흰색 바탕에 보라색을 띤다.
· 교판은 크나 주치는 작다.

퇴조개
· 조간대의 작은 돌 사이에 산다.
· 크기는 작으며 짙은 황색을 띤다.
· 표면은 매끄러우며 각피는 잘 벗겨진다.
· 안쪽면은 흰색이고 교판에는 주치와 측치
  가 있다.

▲ 퇴조개

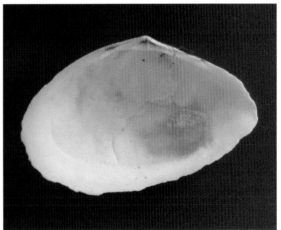

▲ 붉은속비단조개 ▲

붉은속비단조개
· 조간대의 모래에 산다.
· 긴 타원형으로 크고 두꺼우며 각정부는 황색을 띤다.
· 표면은 회색이며 뚜렷한 성장맥이 있다.
· 안쪽면은 흰색 바탕에 붉은색 무늬가 있다.
· 교판에는 주치와 측치가 있다.

▲ 납작접시조개 ▲

납작접시조개

· 조간대의 모래에 산다.
· 껍질은 매우 얇고 납작하다.
· 옅은 붉은색이나 색채의 변이가 있다.
· 표면과 안쪽면에는 2줄의 흰색대가 있고 광택이 난다.

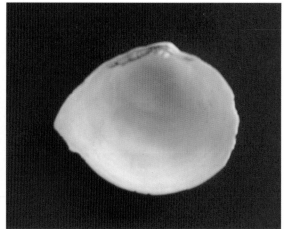

▲ 대양조개 ▲

대양조개

· 조간대의 자갈이나 모래에 산다.
· 껍질은 두껍고 단단하며 오른쪽은 튀어나와 있다.
· 껍질에는 성장맥이 나 있어 매끄럽지 못하다.
· 표면은 황갈색이고 안쪽면은 흰색 바탕에 황색 무늬가 있다.
· 교판에는 주치와 측치가 있다.

흑자색긴빛조개
· 조간대의 모래에 산다.
· 전체적으로 긴 타원형이며 껍질은 얇다.
· 표면을 덮는 황갈색 각피는 쉽게 벗겨지
며 검은보라색이 나타난다.
· 표면에는 2줄의 흰색대가 각정에서 세로
로 비스듬히 나타난다.
· 안쪽면은 검은보라색을 띤다.
· 작은 주치가 있다.

▲ 흑자색긴빛조개

빛조개
· 조간대의 모래에 산다.
· 껍질은 얇으며 황갈색을 띠고 매끄럽다.
· 표면은 검은 성장선과 각정에서 세로로 2
개의 흰색대가 나타난다.
· 안쪽면은 옅은 보라색을 띠고 교판에는
주치가 있다.

▲ 빛조개

▲ 두툼빛조개 ▲

두툼빛조개
· 조간대의 모래에 산다.
· 빛조개와 비슷하나 껍질이 부풀어 두툼하다.
· 표면은 진한 갈색이고 성장선은 검은색을 띤다.
· 각정에서 비tm듬히 아래로 2줄의 흰색대가 내려온다.
· 안쪽면은 보라색이고 교판에는 주치가 있다.

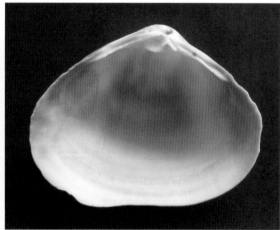

▲ 흰점분홍무늬조개 ▲

흰점분홍무늬조개
· 조간대나 그보다 깊은 바다의 모래에 산다.
· 껍질은 두껍고 성장선이 뚜렷하며 사이에 성장맥이 있다.
· 각정부는 붉은색이며 여러 개의 흰색대가 세로로 나타난다.
· 표면은 갈색이고 많은 흰 반점을 가진다.
· 안쪽면은 옅은 황백색이고 보라색 무늬가 나타난다.
· 교판에는 주치가 특징적이다.

▲ 작은비단백합 ▲

작은비단백합

· 조간대의 모래에 산다.
· 납작하고 매우 매끄럽다.
· 표면은 갈색 바탕에 흰색무늬가 퍼져 있다.
· 안쪽면은 옅은 갈색 바탕에 보라색 무늬가 나타난다.
· 교판에는 주치와 측치가 있다.

▲ 개조개

개조개

· 조간대보다 깊은 바다의 모래나 진흙에
  산다.
· 껍질은 두껍고 크며 표면은 회갈색이다..
· 성장륵은 거칠어 약간 울퉁불퉁하다.
· 안쪽면은 보라색이고 근육이 붙었던 자리
  는 옆으로 퍼진 띠가 있다.
· 교판에는 4개의 교치가 있다.

▲ 둥근떡조개 ▲

둥근떡조개

· 조간대의 모래에 산다.

· 크기가 작고 성장맥은 약하나 아래 부분은 뚜렷하다..

· 표면은 황색이며 각정에서 아래로 퍼진 갈색대가 있다.

· 안쪽면은 흰색 바탕에 보라색 무늬가 가로로 나타난다.

· 각판에는 주치와 측치가 있다.

▲ 부리떡조개 ▲

부리떡조개

· 조간대의 모래에 산다.

· 각정이 높고 앞쪽이 부리같이 뾰족하다.

· 껍질은 회갈색으로 성장맥은 약하나 아래 부분은 뚜렷하다.

· 안쪽면은 흰색바탕에 약한 황색 무늬가 감돈다.

· 교판에는 주치와 측치가 있다.

▲ 만월떡조개 ▲

만월떡조개
· 조간대의 모래에 산다.
· 성장맥이 뚜렷하고 약간 거칠다.
· 각정 부분은 희다.
· 표면은 회갈색이고 안쪽면은 흰색이다.
· 교판에는 주치와 측치가 있다.

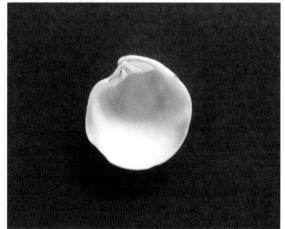

▲ 붉은속떡조개 ▲

붉은속떡조개
· 조간대나 그보다 깊은 바다의 모래에 산다.
· 껍질은 단단하고 낮으며 각정부는 붉은색을 띤다.
· 표면에는 가는 성장선이 있고 회색 바탕에 갈색무늬가 세로로 나타난다.
· 안쪽면은 흰색 바탕에 보라색 무늬가 세로로 2줄 나타난다.
· 교판에는 주치가 있다.

갈색점줄떡조개
· 조간대나 그보다 깊은 모래에 산다.
· 붉은속떡조개와 비슷하나 안쪽면에 색대
　가 없다.
· 안쪽면은 희고 교판에는 주치와 측치가
　있다.

▲ 갈색점줄떡조개

바지락
· 조간대 상부의 펄에 흔하다.
· 껍질은 두꺼운 편이다.
· 껍질의 표면은 성장맥과 방사륵이 만나
　약간 거칠다.
· 안쪽면의 교판에는 3개의 주치와 측치가
　있다.
· 색깔, 크기, 형태의 변이가 심하다.

▲ 바지락

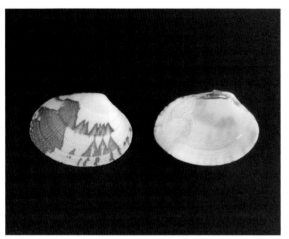

▲ 아기바지락

아기바지락
· 바지락보다 약간 깊은 조간대의 자갈 틈
  이나 모래에 산다.
· 바지락과 비슷하나 크기가 작고 덜 단단
  하다.
· 교판에는 주치와 측치가 있다.
· 색채, 크기, 모양의 변이가 심하다.

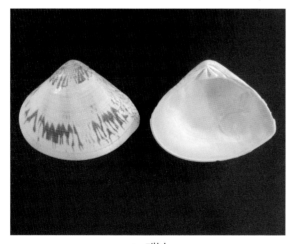

▲ 대복

대복
· 조간대의 모래에 산다.
· 껍질은 두껍고 색깔과 무늬가 다양하다.
· 표면에는 보통 세 줄의 갈색대가 세로로
  있다.
· 안쪽면은 흰색이고 교판에는 3개의 주치
  가 있다.

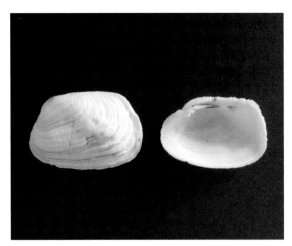

주름입조개
· 조간대 진흙이나 진흙이 굳어서 된 돌의 구멍 속에 산다.
· 전체적으로 직사각형에 가깝다.
· 표면은 황갈색이고 판모양의 성장선은 여러 겹 쌓여 매끄럽지 못하다.
· 안쪽면은 흰색이고 교판에는 주치와 측치가 있다.

▲ 주름입조개

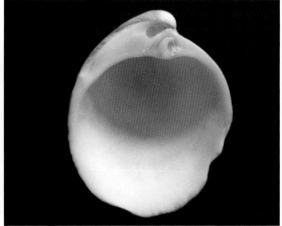

▲ 가무락조개 ▲

가무락조개
· 조간대의 모래에 산다.
· 각정은 높은 편이다.
· 표면은 방사륵과 성장맥이 촘촘이 나 있으나 매끄러운 편이다.
· 안쪽면은 흰색이고 교판에는 3개의 주치가 있다.
· 서식지에 따라 색채가 다양하다

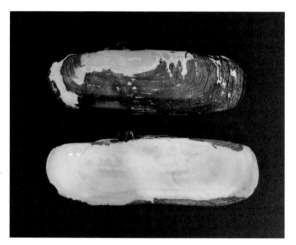

▲ 가리맛조개

가리맛조개
· 조간대의 모래에 산다.
· 전체적으로 긴 직사각형이며 껍질은 얇다.
· 황갈색 각피가 있고 잘 벗겨지며 흰색이 나타난다.
· 안쪽면은 흰색이다.

4. 두족류

문어류의 명칭

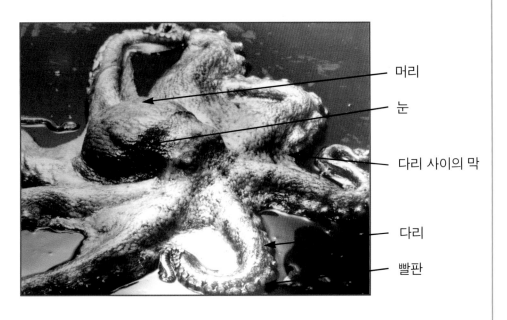

머리

눈

다리 사이의 막

다리

빨판

· **빨판** : 다리 뒷면에 위치하는 원형의 판으로 여러 개가 나 있
으며 먹이를 포획하거나 적으로부터 자신을 보호하는
데 이용된다
· **다리 사이의 막** : 다리 사이에 얇고 흐물흐물한 주름이 있는
막으로 문어류에서 없는 종도 있다

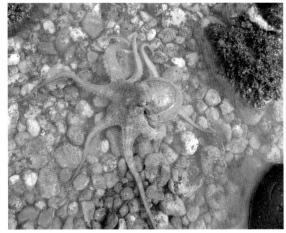

▲ 왜문어

▲ 왜문어의 빨판

왜문어
· 조간대의 돌 틈에 산다.
· 몸은 크고 암갈색이며 반점이 있다.
· 안쪽면은 옅은 갈색이며 빨판은 적갈색이다.
· 표면에는 거친 혹들이 가로로 난다.
· 돌문어라고도 한다.

▲ 문어

문어
· 조간대나 그보다 깊은 바다의 돌 틈이나 바위 아래에 산다.
· 문어 가운데 가장 대형이고 검붉은색을 띤다.
· 다리 사이의 막이 넓다.
· 겉 표면에 많은 혹이 있으며 빨판이 발달 되어 있다.

낙지
· 조간대의 바닥의 구멍이나 돌 틈에 산다.
· 몸통은 문어에 비해 날씬하며 다리가 매우 가늘고 길다.
· 몸은 회색이지만 자극을 받으면 붉게 변한다.
· 주로 조개나 게들을 에워싸서 잡아먹는다.

▲ 낙지

▲ 조개낙지

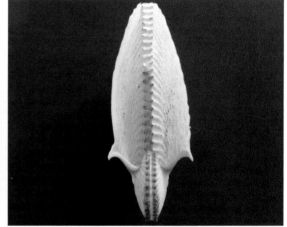

▲ 조개낙지의 옆면

조개낙지
· 조간대보다 깊은 바다에 산다.
· 앵무조개 모양이고 표면은 회색이다.
· 방사륵 사이에는 짧은 방사륵이 있으며 많은 이랑이 있다.
· 옆면은 2줄의 돌기가 나와 있고 각구에 가까울수록 흑갈색을 띤다.
· 껍질이 얇아 잘 부서지고 수놈은 껍질을 갖지 않는다.

▲ 갈고리석회관갯지렁이

갈고리석회관갯지렁이

· 암석에 모여 붙어산다.
· 관은 원통모양으로 꼬여 있다.
· 관의 등쪽은 2줄의 약간 솟은 선이 있다
· 무척추동물을 먹는 육식성 동물이다.
· 사진은 갈고리석회관갯지렁이의 집이다.

▲ 동그라미석회관갯지렁이

동그라미석회관갯지렁이

· 돌, 해조류, 고둥의 껍질에 붙어산다.
· 크기는 2-3mm 정도로 작다.
· 껍질은 오른쪽으로 감겨 있다.
· 껍질의 등쪽에는 3줄의 튀어나온 선을 가진다.
· 관 입구쪽에는 세로로 솟은 지지체를 갖는다.
· 사진은 동그라미석회관갯지렁이의 집이다.

▲ 두토막눈썹참갯지렁이

두토막눈썹참갯지렁이

· 조간대의 모래나 작은 자갈 틈에 흔히
 발견된다.
· 이빨의 특정 부위는 두 토막 혹은 세 토
 막으로 된 눈썹모양이다.
· 입 앞마디는 두 개의 짧은 더듬이가 있
 다.
· 무척추동물을 먹는 육식성 동물이다.
· 모래 표면을 빠르게 이동하며 낚시 미끼
 로 이용된다.

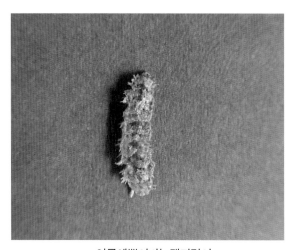

▲ 얼굴예쁜이비늘갯지렁이

얼굴예쁜이비늘갯지렁이

· 조간대의 자갈 사이에 산다.
· 드물게 발견되고 크기는 3cm 정도 된
 다.
· 몸은 녹갈색이나 황갈색을 띤다.
· 12쌍의 비늘이 등면을 완전히 덮는다
 (사진의 배쪽의 모습이다).
· 한 쌍의 눈은 거의 붙어 있다.
· 몸의 옆면은 많은 다리털들이 나 있다.

▲ 털눈비늘갯지렁이

털눈비늘갯지렁이

· 조간대 중하부의 돌 밑이나 바닥에 산다.
· 몸통은 비교적 두툼하고 앞뒤가 가운데보다 폭이 좁다.
· 등비늘은 열다섯 쌍이고 마디수는 36개이다.
· 등비늘은 노란색이며 갈색 점무늬가 있다.
· 몸길이는 2-2.5cm 정도로 작다.

▲ 황금갑옷비늘갯지렁이

황금갑옷비늘갯지렁이

· 조간대 중하부의 돌 밑이나 바닥에 산다.
· 몸의 앞뒤가 가운데보다 폭이 좁다.
· 등비늘은 열다섯 쌍이고 서로 겹쳐진다.
· 등비늘은 갑옷처럼 보이고 각각에는 검은 점이 있다.
· 몸길이는 1.5cm 정도로 작다.

▲ 남색꽃갯지렁이

남색꽃갯지렁이

· 조간대 하부의 바위틈에 발견된다.
· 바위에 붙은 가죽 모양의 관 안에 산다.
· 줄기에는 보라색 반점들이 줄지어 반복
  되어 있다.
· 깃을 두 자락으로 나누어진다.
· 국화꽃 모양으로 화려하다.

▲ 안점꽃갯지렁이

안점꽃갯지렁이

· 조간대 하부의 바위틈에 발견된다.
· 바위에 붙은 갈색의 질긴 가죽 모양의
  관 안에 산다.
· 몸은 갈색으로 왕관모양으로 펼쳐진다.
· 5-6개의 진한 붉은색 안점이 줄기를 따
  라 한 줄로 배열되어 있다.
· 깃은 대개 네 개의 자락으로 나누어진
  다.

▲ 갯강구

갯강구
· 조간대 상부의 바위틈에 무리지어 발견 된다.
· 납작한 형태의 긴 타원형으로 황갈색이 다.
· 더듬이는 한 쌍이고 가지를 친 한 쌍의 긴 꼬리가 나와 있다.
· 움직임이 상당히 빠르다.

▲ 갯주걱벌레

갯주걱벌레
· 조간대의 돌 밑이나 해조류 사이에 발견 된다.
· 몸은 좌우대칭으로 납작하고 1쌍의 긴 더듬이가 있다.
· 몸은 황갈색을 띠나 다양하다.
· 뒷마디가 가장 길며 둥그런 삼각형 모양 이다.

▲ 거북손

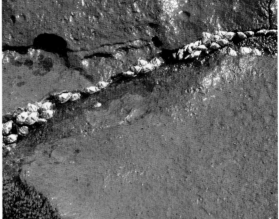

▲ 바위틈의 거북손

거북손

· 조간대의 바위틈에 밀집하여 산다.
· 껍질은 긴 삼각형 모양이고 황색이며 성장선이 있다.
· 몸통은 황갈색을 띠며 많은 타원형의 비늘이 덮는다.
· 밀물 때는 체와 같은 다리를 이용하여 플랑크톤을 걸러 먹는다.

▲ 민조개삿갓

민조개삿갓

· 바다에 떠다니는 판자나 어구에 무리지어 산다.
· 껍질은 자루 모양으로 표면에 성장선과 방사선이 매우 희미하다.
· 조개삿갓과 비슷하나 껍질의 양면에 1줄의 녹갈색 반점을 갖는 것이 다르다.
· 몸체는 보라색을 띤 갈색이고 주름이 많다.
· 체와 같은 다리를 이용하여 플랑크톤을 걸러 먹는다.

조개삿갓

▲ 조개삿갓

- 사는 곳과 모양은 민조개삿갓과 유사하다.
- 몸체는 검보라색이고 밋밋하며 껍질의 길이보다 짧다.
- 껍질은 희고 반점이 나타나지 않는다.
- 껍질 표면의 성장선과 방사선은 뚜렷한 편하다.

구멍따개비

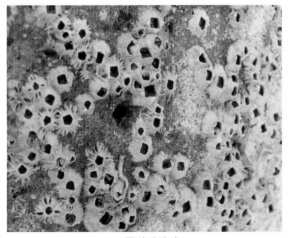

▲ 구멍따개비

- 햇빛이 들지 않는 조간대 하부의 바위틈이나 방파제에 밀집하여 산다.
- 껍질은 매우 작고 납작하다.
- 껍질의 표면에는 종륵이 발달되어 거칠다.
- 주요 특징은 껍질의 앞뒤에 1쌍의 구멍, 좌우에 각각 1개의 구멍을 갖는다.
- 어린 개체는 껍질의 중앙을 제외하고는 구멍이 나타나지 않는다.

▲ 검은큰따게비

검은큰따게비

· 조간대의 노출된 바위에 무리지어 산다.
· 따개비류 가운데 대형으로 껍질은 원추형 모양이다.
· 껍질은 단단하며 검으스름한 색을 띤다.
· 껍질 표면에는 불규칙한 종륵이 계속 이어진다.
· 손으로 떼기 힘들며 죽은 후에도 껍질은 오랫동안 붙어있다.

▲ 조무래기따게비

조무래기따게비

· 조간대 상부의 암석에 무리지어 흔하게 발견된다.
· 껍질의 크기는 아주 작고 납작하며 단단하다.
· 껍질의 중앙은 둘로 나누어지며 굴곡선이 나타난다.
· 껍질의 가장자리는 울퉁불퉁하다.

▲ 삼각따게비

삼각따게비

· 바다에 떠다니는 부유물이나 고둥류 껍질에 주로 붙어산다.
· 껍질의 표면은 선홍색을 띠며 종륵이 발달된다.
· 중앙 부위는 삼각형 모양의 구멍이 있다.
· 껍질의 가장자리는 울퉁불퉁하다.

▲ 빨강따게비

빨강따게비

· 조간대 보다 깊은 바다의 바위나 떠다니는 부유물에 붙어 있다.
· 따개비류 가운데 중간 크기로 분홍색이나 빨강색을 띤다.
· 껍질의 표면은 매끄러우며 미세한 종륵이 있다.
· 껍질의 세로 방향으로 여러 개의 붉은색 대가 있다.
· 각구는 둥근 삼각형이다.

집게류의 명칭

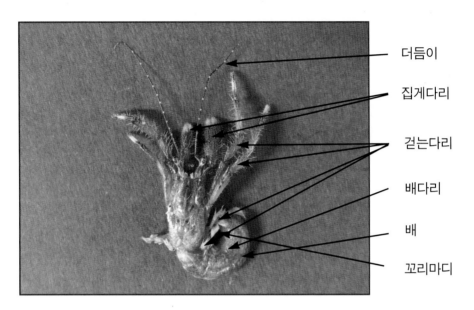

더듬이

집게다리

걷는다리

배다리

배

꼬리마디

· **더듬이** : 큰더듬이 또는 제2더듬이라고도 하며 밑마디와 채찍
으로 구성되어 있다
· **배** : 연하고 소시지 같은 주머니 모양을 하며 일반적으로 꼬
여 있다
· **꼬리마디** : 1개의 독립된 몸마디로 복부 끝에 위치하며 석회
질화 된 것이 많다
· **집게다리** : 먹이를 잡는 역할을 하며 움직일 수 있는 가동지
와 움직일 수 없는 부동지로 이루어져 있고 종에
따라 어느 한쪽이 크거나 같은 길이를 가진다
· **걷는다리** : 주로 이동하는데 이용되며 4쌍으로 되어 있고 제
1,2 걷는다리는 길고 제3,4 걷는다리는 상대적으
로 짧다
· **배다리** : 배마디에 붙어있는 다리로 퇴화되고 암놈이 알을 품
는데 이용된다

▲ 참집게

▲ 어린 참집게

▲ 참집게의 생태모습

참집게
· 조간대의 해조류가 있는 자갈이나 돌 밑에 흔히 발견된다.
· 더듬이에 흰 고리무늬가 일정한 간격으로 나 있다
· 오른쪽 집게다리가 왼쪽 집게다리 보다 넓고 길다.
· 집게다리의 끝과 걷는다리의 손가락 마디 끝에 흰 고리무늬가 있다.
· 두 쌍의 걷는다리는 옆으로 펴진다.
· 2-8월에 알을 품는다.

▲ 털다리참집게

털다리참집게
· 조간대나 그보다 깊은 바다의 돌 밑에 흔히 발견된다.
· 전체적으로 몸은 짙은 갈색을 띠고 더듬이는 빨간색이다.
· 오른쪽 집게다리가 왼쪽 집게다리 보다 넓고 길다.
· 오른쪽 집게다리는 강한 가시가 있다.
· 집게다리와 걷는다리는 검은 점이 있으며 갈색의 털이 무성하다.
· 꼬리 마디의 끝은 2개의 홈으로 나누어져 있다.

▲ 꼬마긴눈집게

꼬마긴눈집게
· 조간대의 바위와 모래밭에 산다.
· 양 집게다리는 크기가 비슷하고 갈색털이 많다.
· 걷는다리에도 갈색털이 많다.
· 눈자루는 보라색 바탕에 세로로 두 줄의 흰 선이 있다.
· 더듬이는 짧고 깃털 모양이다
· 10월에 알을 밴다.

▲ 갯가게붙이

▲ 생태사진

갯가게붙이
· 조간대의 돌 아래에 흔히 발견된다.
· 아주 납작하고 크기가 작다.
· 등면은 검으스름하고 매끈하다.
· 양쪽 집게다리는 크기가 약간 다르다.
· 동작이 빠르며 잡으면 집게다리가 쉽게 끊어진다.

게류의 명칭

등면

배면(수컷)

배면(암컷)

집게다리

걷는다리

배판

· **집게다리** : 먹이를 잡는 역할을 하며 움직일 수 있는 가동지
　　　　　　와 움직일 수 없는 부동지로 이루어져 있다
· **걷는다리** : 주로 이동하는데 이용되며 4쌍으로 되어 있고 보
　　　　　　통 그 끝이 뾰족하다
· **배판** : 보통 편평하며 수컷은 좁고 암컷은 넓어 암수를 구분
　　　　하는데 많이 이용된다

애기비단게

▲ 애기비단게

- 조간대 상부의 자갈 틈에 산다.
- 몸체는 앞쪽이 넓고 뒤쪽이 좁은 사각형이다.
- 크기는 작으며 적갈색을 띤다.
- 집게다리 안쪽에는 작은이와 털들이 나있다.
- 동작이 느리다.

금게

▲ 금게

- 조간대나 그보다 깊은 바다의 모래에 발견된다.
- 등쪽은 약간 볼록하고 붉은보라색 점들이 많이 나 있다.
- 집게다리에는 가시가 나 있다.
- 걷는다리들은 넓적하고 빨간 무늬가 나있다.
- 헤엄을 잘 친다.

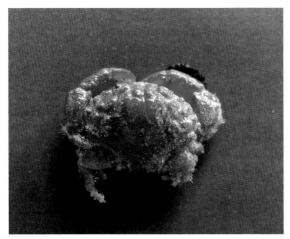
▲ 꼬마부채게

꼬마부채게
· 조간대의 돌이나 모래 틈에 발견된다.
· 크기는 작으며 주홍색이나 자주색을 띤다.
· 부채게와는 달리 집게다리의 끝이 약간 뾰족하고 검지 않다.
· 양쪽 집게다리는 크기가 약간 비대칭적이다.

▲ 부채게

부채게
· 조간대의 돌 아래에 흔히 발견된다.
· 건드리면 움츠리고 움직임이 느리다.
· 채색은 다양하나 대체로 황갈색이다.
· 집게 다리의 끝은 흑갈색이다.

▲ 납작게

납작게

· 조간대의 돌 아래나 모래 틈에 흔히 발견된다.
· 몸의 뒷부분이 약간 좁은 사각형이며 매끈하다.
· 서식지에 따라 체색이 다양하다.
· 무리지어 살고 빠르다.

▲ 무늬발게

무늬발게

· 조간대의 바위틈이나 돌 아래에 흔히 발견된다.
· 몸통은 녹갈색 바탕에 적갈색 반점이 흩어져 있다.
· 등면에는 얕은 홈이 있다.
· 걷는다리는 무늬가 반복되어 있다.

▲ 바위게

바위게
· 조간대 상부의 바위틈에 흔히 발견된다.
· 몸통은 녹갈색 바탕에 녹색 얼룩무늬를 띤다.
· 집게다리는 보라색이 감도는 갈색이다.
· 등면과 걷는다리에는 주름이 나 있다.
· 움직임이 상당히 빠르다.

▲ 방게

방게
· 조간대나 밀물과 썰물이 만나는 기수지역에 흔히 발견된다.
· 몸통은 암갈색이고 집게다리는 옅은 황색이다.
· 몸체 앞면의 가장자리에 뾰족한 가시가 나 있다.
· 무리지어 살고 빠르다.

▲ 사각게

사각게
· 조간대 상부나 조수웅덩이에 발견된다.
· 몸통은 사각형으로 황색 바탕에 흑갈색 무늬가 있다.
· 몸체 앞면의 가장자리에는 뽀족한 가시가 나 있다.
· 걷는다리는 불명확한 무늬가 있다.

▲ 옴부채게

옴부채게
· 조간대보다 깊은 바다의 암석 틈에 발견된다.
· 몸은 보라색으로 윤곽은 부채모양을 한다.
· 온 몸에 과립들이 들어서 있다.
· 집게다리의 끝은 흑갈색이다.

▲ 뿔물맞이게

뿔물맞이게

· 조간대보다 깊은 바다의 해조류 속에 산다.
· 몸통은 폭이 다른 2개의 삼각형을 마주놓은 모양이다.
· 이마에는 2개의 큰 가시가 길쭉하며 털 다발이 있다.
· 눈자루는 밖으로 튀어 나오고 아래의 가장자리 가시는 오른쪽이 크다.
· 다리 위에는 털들이 있고 발톱이 예리하다.
· 본 종은 죽은 지 오래된 것을 채집하여 탈색되었다.

▲ 풀게

풀게

· 조간대의 돌이나 바위 아래에 흔히 발견된다.
· 몸은 적갈색을 띠며 윤곽은 뒷부분이 약간 좁은 사각형이다.
· 몸체 앞면의 가장자리에는 뾰족한 가시가 나 있다.
· 수컷의 집게다리는 털이 나 있다.
· 움직임이 빠르다.

▲ 두갈래민꽃게

두갈래민꽃게

· 조간대 하부의 해조류가 있는 돌 아래에
  산다.
· 몸체는 녹갈색을 띤다.
· 이마의 중앙은 편평하게 두갈래로 나뉘
  어져 있다.
· 몸체 중앙부의 양옆 가장자리는 5개의
  이가 있다.
· 몸체의 가로 방향으로 여러 개의 선이
  나 있다.

불가사리류의 명칭

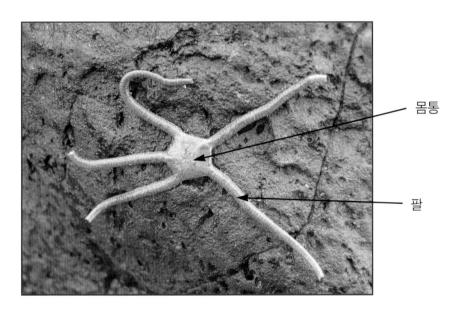

- **몸통** : 일반적으로 몸 전체의 중앙에 위치하며 종에 따라 그 모양과 크기가 다르다
- **팔** : 몸통과 이어져 있으며 종에 따라 굵기, 모양, 수, 가시가 있고 없는 것 등 다양하다

▲ 뱀거미불가사리

뱀거미불가사리
· 조간대의 돌 밑에 흔히 발견된다.
· 몸통은 납작하고 5각형에 가까우며 등면
  은 흑갈색을 띤다.
· 팔은 가늘며 검은색 굵은띠가 반복된다.
· 몇 개체씩 모여 살고 비교적 빨리 이동
  한다.

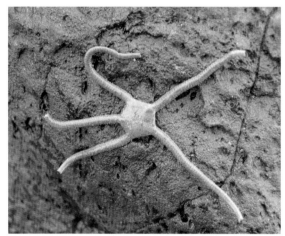

▲ 왜곱슬거미불가사리

왜곱슬거미불가사리
· 조간대의 돌 밑에 흔히 발견된다.
· 몸통은 편평하고 5각형이며 등면은 흑갈
  색이나 황갈색을 띤다.
· 팔은 가늘며 가장자리에 짧은 가시가 있
  다.
· 팔에는 뱀거미불가사리보다 훨씬 가는
  띠가 반복된다.

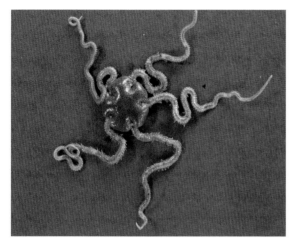

▲ 밤송이거미불가사리

밤송이거미불가사리

· 주로 조간대 중부의 돌 아래나 바닥에
  붙어산다.
· 몸통은 적갈색이나 팔은 갈색이다.
· 팔은 가늘고 길며 끝쪽으로 갈수록 꼬여
  진다.
· 팔과 접하는 몸통은 오목하게 들어가 있
  다.
· 배쪽의 몸통은 붉은 밤송이 모양이고 팔
  이 중앙까지 도달한다.
· 배쪽의 팔이 모인 중앙은 별모양을 한
  다.

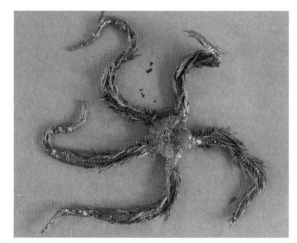

▲ 빨간등거미불가사리

빨간등거미불가사리

· 조간대 하부나 그보다 깊은 바다의 돌
  밑이나 바닥에 산다.
· 각각의 팔에는 강한 가시들이 밀집해 있
  다.
· 몸통은 편평하고 5각형이며 가시는 없
  다.
· 전체적으로 암적색이나 빨간색을 띤다.

▲ 볼록별불가사리

볼록별불가사리
· 조간대의 돌 밑에 발견된다.
· 몸통과 팔이 통통하다.
· 크기는 작은 편이며 표면은 작은 돌기가
  많다.
· 표면은 갈색 바탕에 검은 무늬가 있다.

▲ 팔손이불가사리

팔손이불가사리
· 조간대 하부나 그보다 깊은 바다의 돌
  밑이나 바닥에 산다.
· 각 팔의 가장자리에는 짧은 강한 가시들
  이 밀집해 있다.
· 표면에는 점착성 털 뭉치가 있다.
· 전체적으로 갈색 바탕에 검은 무늬가 있
  다.
· 몇 개의 팔이 짧은 경우도 있다

▲ 별불가사리

별불가사리
· 조간대 하부나 그보다 깊은 바다의 돌 밑이나 바닥에 산다.
· 흔히 발견되며 표면에는 많은 돌기가 나 있다.
· 몸통은 편평하나 두툼하고 다리 길이보다 길다.
· 표면은 파란색 바탕에 빨간 반점이 있으나 뒷면은 빨간색을 띤다.

▲ 빨강불가사리

빨강불가사리
· 조간대나 그보다 깊은 바다의 해조류가 많은 곳에 발견된다.
· 거친 과립들이 균일하게 온 몸을 덮고 있다.
· 몸은 주홍색이고 팔은 끝으로 갈수록 좁아진다.
· 딱딱하며 가시는 없다.

▲ 태평양애기별불가사리 ▲

태평양애기별불가사리
· 조간대의 돌이나 암석 밑에 붙어산다.
· 흑갈색을 띠나 색채의 변이가 심하다.
· 불가사리류 중 크기가 매우 작고 드물게 발견된다.
· 몸통은 납작하고 가시가 없다.
· 팔이 짧고 안쪽의 중앙 끝에는 작은 홈이 있다.

▲ 방패연잎성게

방패연잎성게
· 조간대보다 깊은 바다의 돌 밑이나 바닥에 발견된다.
· 몸은 큰 편이고 비행접시 모양을 한다.
· 몸은 갈색을 띠고 가운데가 약간 솟아 있다.
· 몸에는 짧은 가시가 있으며 등면은 꽃무늬가 있다.
· 몸통은 비교적 부드럽고 안쪽면은 편평하다.

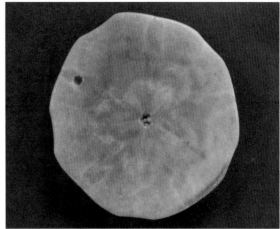

▲ 브롯지연잎성게 ▲

브롯지연잎성게
· 조간대의 모래 바닥에 주로 산다.
· 몸통은 상하로 납작한 원반형이며 주변부는 각이 진다.
· 표면은 빨간색을 띠고 중앙에 다섯 갈래의 꽃잎 무늬가 있다.
· 아랫면은 회색 바탕에 등면의 색과 무늬가 투영된다.

▲ 말똥성게 ▲

말똥성게
· 조간대의 돌 밑이나 바닥에 흔히 발견된다.
· 낮고 편평한 반원모양이며 단단하다.
· 크기는 성게류 가운데 중형이며 전체적으로 녹갈색이나 황갈색이다.
· 짧은 가시는 조밀하고 끝이 뭉툭하다.
· 안쪽면은 보라색을 띠며 등면의 가시보다 약간 짧다.

| ▲ 보라성게 | ▲ 보라성게의 알을 채취하고 버린 껍질들 |

보라성게
· 조간대 하부나 그보다 깊은 바다의 돌 밑이나 바닥에 흔히 발견된다.
· 몸은 대형으로 둥글며 적갈색 혹은 흑갈색을 띤다.
· 둥근성게와 비슷하나 가시의 길이가 비슷한 점이 다르다.
· 가시의 표면은 부드럽고 광택이 나며 가로선이 없다.

▲ 보라해삼붙이

보라해삼붙이
· 조간대의 바위나 암석 틈에 드물게 발견된다.
· 크기는 작은 편으로 5cm 내외이다.
· 몸은 원통모양이며 중앙 부위가 양쪽 끝보다 뭉툭하다.
· 표면은 여러 줄의 돌기가 있지만 매끈하다.
· 표면은 짙은 갈색을 띠고 안쪽면은 옅은 갈색이다.
· 이동할때는 몸이 약간 굽어진다.

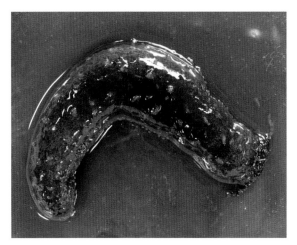

▲ 보라바퀴해삼

보라바퀴해삼
- 주로 조간대 하부의 돌 아래나 바닥에 붙어산다.
- 표면은 짙은 갈색을 띤다.
- 몸은 길고 좁은 편이며 원통모양이다.
- 촉수가 몸 둘레에 나 있고 작은 가지로 나누어진다.
- 촉수을 제외한 부분은 매끄럽다.

▲ 돌기해삼

돌기해삼
- 조간대의 바위나 암석 틈에 흔히 발견된다.
- 몸통은 전체적으로 갈색이나 녹색을 띠는 것도 있다.
- 몸에는 큰 돌기와 수많은 작은 돌기들이 있다.
- 만지면 뭉툭하게 크기의 반 정도로 줄어든다.
- 느린 속도로 바닥을 이동한다.
- 퇴적물을 섭취하여 바다의 청소부로도 부른다.

▲ 개해삼

개해삼

· 조간대의 바위나 암석 틈에 드물게 발견
  된다.
· 몸의 크기는 30cm 내외로 대형 해삼류
  에 속한다.
· 몸은 원통모양이며 중앙 부위가 양쪽 끝
  보다 뭉툭하다.
· 돌기해삼과 유사하지만 길고 딱딱하며
  황갈색인 점이 다르다.

척색동물

▲ 멍게

멍게

· 조간대보다 깊은 바다의 바위에 무리지
  어 산다.
· 몸은 붉은색을 띠며 껍질이 두껍다
· 몸의 위쪽은 돌기가 많고 아래 부분은
  매끈하다.
· 출수공보다 입수공이 높다.

▲ 미더덕

미더덕
· 조간대보다 깊은 바다의 바위나 어망에
  붙어산다.
· 몸은 독립적이지만 여러 개체들이 집단
  을 형성한다.
· 위쪽은 둥근 돌기가 흩어져 있고 아래쪽
  은 돌기가 없이 매끄럽다.

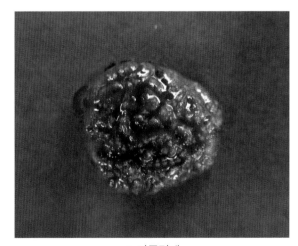

▲ 만두멍게

만두멍게
· 조간대 하부나 그보다 깊은 바다의 암석
  에 붙어산다.
· 전체적으로 반원형을 이룬다.
· 황적색을 띠며 가죽처럼 탄력이 있다.
· 10-30개가 무리를 지어 소집단 생활을
  한다.
· 소집단의 중앙에는 공동의 출수공이 위
  치한다.

▲ 보라판멍게

보라판멍게
· 조간대 중부나 하부의 바위나 돌 밑에 붙어산다.
· 전체적으로 보라색을 띠며 여러 개체가 모여 산다.
· 표면에는 작은 개체가 모여 여러 가지 모양을 취한다.
· 납작하고 단단히 물체에 붙어 있어 떼기 힘들다.

체험학습 활동지의 예시(저학년용)

학습주제	조간대에는 어떤 무척추동물들이 살고 있을까?				
장 소	바다의 조간대	월일		날씨	

■ 조간대의 무척추동물을 관찰하면서 다음 활동을 하여 봅시다

1. 조간대의 무척추동물이 사는 주변 환경을 그림이나 글로 나타내어 봅시다.

2. 해양 무척추동물은 어떤 동물을 의미하나요?

3. 껍질이 1개인 연체동물을 그려보세요. (1종)

4. 껍질이 8개인 연체동물을 그려보세요. (1종)

5. 껍질이 2개인 연체동물을 그려보세요. (1종)

	학년 반	이름

6. 천천히 움직이는 무척추동물을 적으세요. (2종)

7. 움직이지 않고 한 곳에 붙어사는 무척추동물을 적으세요. (1종)

8. 바다의 저서무척추동물은 해양생태계에서 어떤 역할을 하나요?

9. 관찰한 것 중 우리가 식용하는 해양 무척추동물을 쓰시오. (2종)

10. 관찰한 무척추동물 가운데 생김새나 특징에 따라 이름이 붙여진 것을 두 가지 적으시오.

11. 조간대의 무척추동물을 관찰하면서 새롭게 느낀 점을 적어보세요.

학년 반	이름

체험학습 활동지의 예시(고학년용)

학습주제	조간대에는 어떤 무척추동물들이 살고 있을까?				
장 소	바다의 조간대	월일		날씨	

■ 조간대의 무척추동물을 관찰하면서 다음 활동을 하여 봅시다

1. 조간대의 무척추동물들이 사는 주변 환경을 그림이나 글로 나타내어 봅시다.

2. 조간대의 상부, 중부, 하부에서 관찰된 무척추동물을 각각 2종씩 적으세요.

   상부 : (   ), (   )
   중부 : (   ), (   )
   하부 : (   ), (   )

3. 조간대 무척추동물의 종류는 상부, 중부, 하부 중 어느 곳이 제일 많은가요?
   그 이유는 무엇일까요?

4. 갯지렁이나 게들이 모래나 펄에 구멍을 파고 사는 이유는 무엇일까요?

5. 조간대에서 관찰되는 무척추동물들은 암석이나 해조류와 비슷한 색을 띠는
   것이 많은데, 그 이유는 무엇일까요?

학년	반	이름

체험학습 활동지 (앞장에서 계속)

6. 관찰한 무척추동물 중 우리가 식용하는 것을 쓰시오. (2종)

7. 따개비, 거북손과 같은 무척추동물은 어떤 동물 무리에 속할까요?

8. 조간대의 저서생물이 부유생물이나 유영생물보다 다양한 이유는 무엇이라고 생각합니까?

9. 느리게 움직이는 무척추동물을 2종만 적으세요.

10. 해양 저서무척추동물을 자원화 할 수 있는 방법은 어떤 것이 있을까요?

학년 반	이름

제 3 장

조간대의 해조류

1. 해조류의 특성

우리가 해조류라고 일컫는 바다의 식물들을 육상식물과 구분하는 의미로 해양식물이라고도 부릅니다. 일반적으로 해조류는 우리가 눈으로 관찰할 수 있는 범위의 바다에 사는 식물을 의미합니다. 눈으로 관찰이 안되는 해조류도 있느냐구요. 그렇습니다. 남조류나 규조류와 같은 조류들은 크기가 아주 작아 현미경으로 관찰됩니다.

해조류나 아주 작은 조류들은 광합성을 하여 영양분을 만드는 1차 생산자로서의 중요한 역할을 담당합니다. 또한 물고기의 서식처나 피난처로서의 역할도 하지요. 이와 같이 해조류는 해양생태계에서 없어서는 안 될 중요한 위치에 있습니다. 여기서는 조간대에서 육안으로 관찰이 가능한 해조류만을 설명하겠습니다.

해조류도 식물이므로 꽃이 필까요. 그렇지 않습니다. 해조류는 육상의 하등식물에 속하는 이끼나 고사리처럼 꽃이 피지 않는 민꽃식물에 속합니다. 그 이유는 포자로 번식하기 때문이지요. 이처럼 해조류는 진화적으로 하등식물에 속한다는 것을 알 수 있으며, 오래전에 지각변동으로 인하여 바다가 육지로 되면서 육상의 환경에 살아남은 해조류가 이끼나 고사리로 되었을 것으로 생각됩니다.

더 흥미로운 사실은 뿌리, 줄기, 잎의 구분이 없다는 점에서도 육상의 이끼와 진화적으로 가까운 사이라는 것을 알 수 있습니다. 해조류는 떠다니는 미세조류를 제외하고는 대부분 바위나 돌에 붙어살기 때문에 뿌리와 같은 역할을 하는 부착기를 갖고 있습니다. 그러나 육상식물의 뿌리처럼 물이나 무기염류를 흡수하여 줄기나 잎으로 이동시키는 물관은 없으며, 또한 잎이나 줄기에서 만들어진 광합성 산물을 다른 곳으로 운반하는 체관 같은 것도 없지요. 그래서 해조류의 잎처럼 보이는 부분의 표면으로 해수의 영양염류를 직접 흡수합니다. 해조류는 바다 속에 사는 식물이어서 해수에 의해 유연히 흔들릴 뿐 줄기는 있으나 지탱기관으로서의 역할은 하지 않습니다. 그런데 모자반처럼 공기주머니(기낭)를 갖고 있어 가라앉지 않고 수중에 곧게 떠서 흡수면을 넓히는 종류도 있습니다. 가끔 파도가 세게 친 후 바다에 가 보면 해조류의 부착기가 끊어져 바닷가로 밀려온 해조류들을 볼 수 있습니다.

▲ 부착기가 끊어져 조간대 상부로 밀려온 감태

▲ 톱니모자반의 공기주머니(맨위)

2. 해조류의 종류

　여러분도 잘 알고 있는 것처럼 해조류는 크게 녹조류, 갈조류, 홍조류로 구분하며, 각각 들어 있는 색소에 따라 이름이 붙여진 해양식물의 무리들입니다. 모든 해조류들은 광합성을 위하여 공통적으로 엽록소 a를 가지며, 녹조류는 이외에도 엽록소 b를 갖고 있습니다. 그런가 하면 갈조류는 엽록소 c와 갈조소, 홍조류는 엽록소 d와 홍조소를 갖고 있습니다.

　그런데 우리가 먹는 갈조류인 미역은 끓이면 왜 녹색으로 변하는 것일까요. 그 이유는 미역에 열을 가하면 갈조소가 다른 색소보다 먼저 파괴되고 가려져 있던 엽록소가 나타나 녹색으로 보이는 것입니다. 홍조류에 속하는 식물도 마찬가지로 끓이면 홍조소가 먼저 파괴되는 현상이 나타납니다.

3. 해조류가 사는 환경

　세 종류의 해조류들은 바다의 깊이에 따라 사는 곳이 다릅니다. 그러나 실제로 바닷가에 가 보면 반드시 이에 따르지 않는 경우도 종종 있습니다. 그런데 왜 세 종류의 해조류들은 각기 사는 곳이 다를까요. 이에 대해 엥겔만(Angelman, T. W)은 보색적응설을 주장하였습니다. 즉, 자신의 색깔과 반대되는 보색인 색깔을 광합성에 이용하는 것입니다. 쉽게 말하면 녹색식물인 육상식물은 녹색의 보색인 적색이나 청색광을 주로 광합성에 이용합니다. 이와 같이 녹조류도 바다 깊이 들어가지 못하는 파장이 긴 적색광을 이용하기 때문에 제일 얕은 바다에 서식하고, 파장이 짧은 청색광은 바다 깊은 곳까지 들어갈 수 있으므로 홍조류는 자신의 색깔과 반대되는 청색광을 이용하여 광합성을 하기 때문에 가장 깊은 곳에 서식하는 것입니다.

　바닷물로 투과되는 빛의 양, 수온, 해조류가 붙는 기질의 종류, 조석간만의 차 등에 의해 해조류의 종류와 수가 결정됩니다. 수심이 깊을수록 수온은 일정하나 투과되는 빛의 양이 적어 해조류의 종류가 적게 되며, 조간대에서는 상부로 갈수록 공기중에 노출되는 시간이 길어지고 수온의 변화폭이 커서 해조류의 종류는 적고 크기가 작아지게 됩니다. 물이 맑은 제주도의 해안은 빛의 투과량이 높아 수심 30-40m 까지 해조류가 서식하고 있습니다.

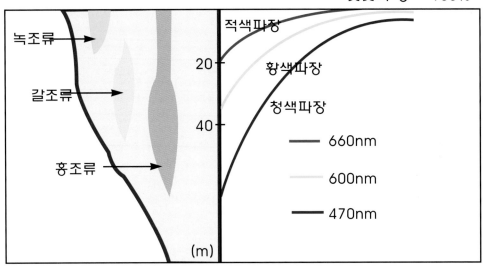

녹조류

갈조류

홍조류

햇빛의 양   100%

적색파장

황색파장

청색파장

660nm

600nm

470nm

20

40

(m)

▲ 해조류의 수직분포

▲ 조간대 상부의 해조류

▲ 조간대 중부의 해조류

▲ 조간대 하부의 해조류

4. 해조류의 이용

해조류는 예로부터 식용이나 약용으로 이용되어 왔습니다. 우리의 식탁에서 김, 미역, 모자반, 톳, 파래 등은 대표적인 해조류 식품입니다. 요즘에는 파래나 감태 등 해조류에서 화학성분을 뽑아내어 화장품이나 약품을 만드는데 이용되고 있습니다. 한편 우뭇가사리는 말려서 우무라는 묵을 만들어 먹거나 여러 번 갈아서 분말을 만든 후 생물학 연구에도 쓰이고 있습니다.

▲ 감태를 말리는 모습

▲ 우뭇가사리를 말리는 모습

▲ 우뭇가사리를 말려서 가루로 만든 아가로우스 분말

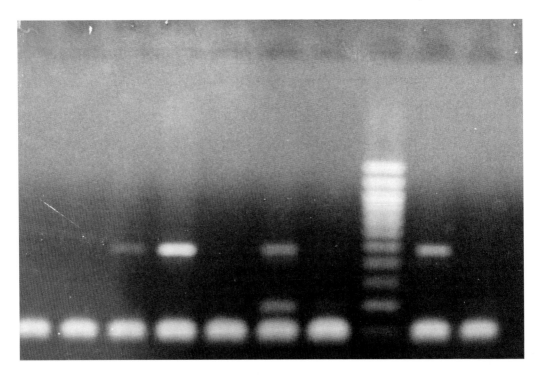

▲ 아가로우스 분말을 굳혀 DNA를 이동시킨 모습

5. 제주바다 조간대의 해조류

해조류의 명칭

공기주머니

잎

줄기

부착기

· **부착기(가근)** : 식물에서 뿌리 역할을 하는 부분으로 단지 해
조류를 지탱하는 역할만 하고 물이나 무기염
류를 흡수하는 기능은 하지 않는다
· **공기주머니(기낭)** : 바닷물 속에서 해조류가 뜰 수 있도록 공
기가 들어 있는 주머니

◆ 녹조류

▲ 매생이

▲ 생태모습

매생이
· 조간대 상부의 암석에 머리털처럼 모여 자란다.
· 몸은 긴 실모양이다.
· 매우 연약하고 미끄럽다.
· 크기는 15cm까지 자란다.
· 식용한다.

▲ 큰대마디말

▲ 생태모습

큰대마디말
· 조간대 하부의 바위에 붙어 자란다.
· 부착기에서 뭉쳐나며 작은 가지가 2차, 3차로 퍼진다.
· 몸은 실모양이고 단단하다.
· 크기는 7~20cm 정도이다.

▲ 모란갈파래 　　　　　　　　　　▲ 생태모습

모란갈파래
· 조간대 상부의 암석에 모여 자란다.
· 줄기가 없이 뭉쳐서 나고 둥근 덩어리를 이룬다.
· 가장자리에는 주름이 많다.
· 암석에서 떼어내면 몸은 여러 개로 쉽게 나눠진다.
· 크기는 2~4cm 정도로 작다.

▲ 구멍갈파래 　　　　　　　　　　▲ 생태모습

구멍갈파래
· 조간대 상부 및 중부에 흔히 자란다.
· 상추잎 모양을 하고 줄기는 거의 없다.
· 몸은 홀로 있거나 2-3개가 뭉쳐나는 것도 있다.
· 몸에 작은 구멍이 여러 개가 있다.
· 크기는 30cm까지 자란다.
· 겨울에서 봄에 걸쳐 무성하게 자란다.

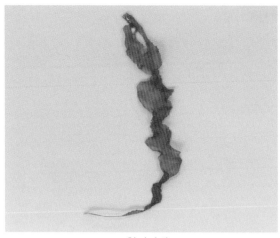

▲ 창자파래   ▲ 생태모습

창자파래
· 조간대 상부의 암석에 자란다.
· 몸은 홀로 존재하며 윗쪽이 넓고 군데군데 꼬여진다.
· 가지는 나누어지지 않고 길고 얇은 관모양을 한다.
· 크기는 10~20cm 정도이다.
· 식용한다.

▲ 납작파래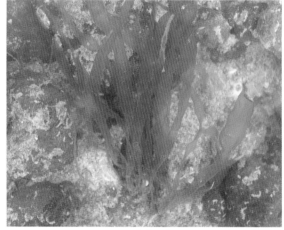

▲ 생태모습

납작파래
· 조간대 상부의 암석에 모여 자란다.
· 몸은 납작하고 약간 잘록하다.
· 몸의 아래에서 나누어지고 각각은 위로 뻗는다.
· 아래쪽은 매우 가늘고 윗쪽은 넓다.
· 크기는 40cm까지 자란다.

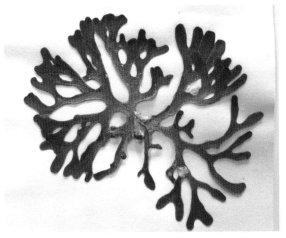
▲ 몽우리청각

▲ 생태모습

몽우리청각
· 조간대 하부의 바위에 붙어 자란다.
· 전체적으로 사슴뿔모양을 하고 몸은 굵고 질기다.
· 몸을 만져 보면 몽글몽글하며 다육질이다.
· 가지는 두 갈래 또는 세 갈래로 나누어진다.
· 크기는 10~17cm 정도이다.

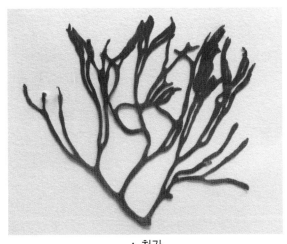
▲ 청각

▲ 생태모습

청각
· 조간대 중부 및 하부의 암석에 붙어 자란다.
· 가지를 많이 치고 가지 끝의 길이는 비슷하다.
· 가지는 곧게 서고 윗쪽으로 갈수록 가늘다.
· 크기는 19~30cm 이다.

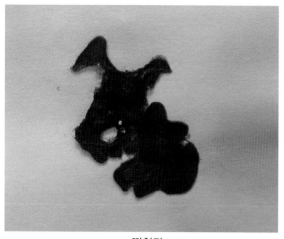

| ▲ 떡청각 | ▲ 생태모습 |

떡청각
· 조간대 하부의 바위에 붙어 자란다.
· 몸은 작고 모양이 불규칙하며 편평한 방석모양이다.
· 몸의 표면은 매끈하며 주름이 생기는 경우도 있다.
· 몸은 다육질이다.

◆ 갈조류

| ▲ 가죽그물바탕말 | ▲ 생태모습 |

가죽그물바탕말
· 조간대 하부의 암석에 자란다.
· 전체적으로 몸은 부채모양으로 펼쳐진다.
· 가지는 Y자 모양으로 갈라지면서 난다.
· 건조하면 검은색이 되고 끝부분만 황갈색을 띤다.
· 몸은 두꺼운 가죽질이다.
· 크기는 30~40cm까지 자란다.

주름뼈대그물말
· 조간대 하부나 그보다 깊은 바다에서 자란다.
· 몸은 전체적으로 부채모양을 한다.
· 리본모양의 가지가 Y자형으로 자란다.
· 가지 가운데는 굵고 양 가장자리는 물결모양이다.
· 건조하면 검은색으로 된다.
· 크기는 10-25cm 정도이다.

▲ 주름뼈대그물말

▲ 부챗말

▲ 생태모습

부챗말
· 조간대 하부의 암석이나 조수웅덩이에 붙어 자란다.
· 몸은 두꺼운 가죽질이며 다소 좁은 부채모양이다.
· 늙으면 몸이 여러 개로 갈라진다.
· 아랫쪽은 갈색털이 있다.
· 크기는 30~40cm 정도이다.

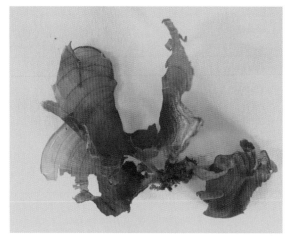

▲ 분부챗말

▲ 생태모습

분부챗말
· 조간대 하부의 암석에 붙어 자란다.
· 몸은 넓은 부채모양이다.
· 몸의 뒷면에는 옅은 석회가루가 붙어있다.
· 아랫쪽은 짧지만 넓고 두꺼운 줄기를 가진다.
· 크기는 20cm 정도이다.

▲ 바위주름

▲ 생태모습

바위주름
· 조간대 하부의 바위에 납작하게 붙어 자란다.
· 몸은 단독이거나 무리지어 자라기도 한다.
· 몸은 가죽질이며 주름진다
· 암갈색 또는 밤색을 띠며 건조하면 검은색으로 된다.
· 단독 개체인 경우 크기는 2~10cm 정도이다.

▲ 패

▲ 생태모습

패

· 조간대 중부의 암석에 모여 자란다.
· 몸은 어두운 갈색이며 말린 고사리 같다.
· 위로 갈수록 짧은 가지를 친다.
· 마르면 검은색이 된다.
· 크기는 5~10cm 정도이다.

▲ 넓패

▲ 생태모습

▲ 패에 넓패가 붙은 모습

넓패

· 조간대 중부의 암석에 모여 자란다.
· 몸은 어두운 갈색이다.
· Y자 모양으로 편평한 가지를 반복하여 낸다.
· 건조하면 검은색으로 변한다.
· 패와 달리 파도가 세지 않은 곳에 많다.
· 크기는 10cm 정도이다.
· 식용한다.

▲ 바위수염

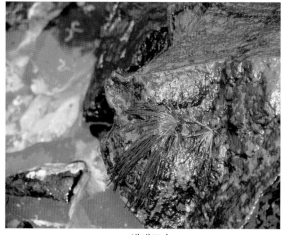
▲ 생태모습

바위수염
· 조간대 중부의 바위에 붙어 자란다.
· 몸은 수염모양으로 곧게 선다.
· 말리면 검은색으로 된다.
· 크기는 7~8cm 정도이다.

▲ 불레기말

▲ 생태모습

▲ 지충이에 붙은 불레기말

불레기말
· 조간대 중부 및 하부의 암석에 붙어 자란다.
· 톳이나 지충이에 붙어 자라기도 한다.
· 엷은 막으로 된 공모양으로 물이 차 있다.
· 엷은 막은 바위두둑과 구분되는 점이다.
· 크기는 10~20cm 정도이다.

▲ 불레기말사촌   ▲ 생태모습

불레기말사촌

· 조간대 중부 및 하부에 자란다.
· 몸은 갈색이고 둥글며 쭈글쭈글하다.
· 만져보면 물렁물렁하다.
· 크기는 3~5cm 정도이다.

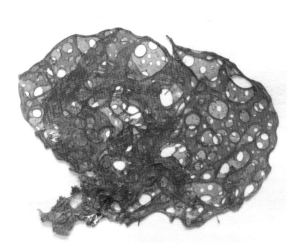

그물바구니

· 조간대 하부의 바위에 붙어 자란다.
· 그물처럼 얽힌 바구니모양을 한다.
· 건조하면 구멍이 많이 생긴다.
· 크기는 20~30cm 정도이다.

▲ 그물바구니

▲ 고리매   ▲ 생태모습

고리매
· 조간대 상부의 암석에 무리지어 자란다.
· 몸은 아래에서 뭉쳐난다.
· 어릴 때는 실모양이나 성숙하면 군데군데 잘록해진다.
· 겨울철에 무성하게 자란다.
· 크기는 15~30cm 정도이다.

▲ 미역쇠   ▲ 생태모습

미역쇠
· 조간대 중부의 바위에 붙어 자란다.
· 부착기에서 여러 개가 모여 난다.
· 몸은 편평하고 길며 가장자리에 주름이 있다
· 몸은 끝으로 갈수록 좁아진다
· 겨울철에 무성하게 자란다.
· 식용한다.

▲ 미역

▲ 생태모습

미역
· 조간대 하부나 그보다 깊은 바다의 암석에 붙어 자란다.
· 몸은 연하여 흐물거리며 매끄럽다.
· 몸은 좌우대칭으로 가장자리는 갈라지는 경우가 대부분이다.
· 가을에서 겨울동안 번성한다.
· 크기는 1m 정도이다.
· 식용한다.

▲ 감태

▲ 생태모습

▲ 어린개체

감태
· 조간대 하부나 그보다 깊은 바다의 암석에 자란다.
· 몸은 매끈하다.
· 몸 아래쪽은 둥근 기둥모양이고 위로 갈수록 편평하며 넓어진다.
· 몸에서 양측으로 가지를 낸다.
· 파도에 의해 떠밀려 온 것을 채집할 수 있다.
· 크기는 30~50cm 정도이다.

▲ 꽈배기모자반

▲ 생태모습

꽈배기모자반
· 조간대 하부나 그보다 깊은 바다에 자란다.
· 잎은 촘촘히 나며 2중의 톱니가 없는 점이 톱니모자반과 다른점이다.
· 가지가 꼬여져 있다.
· 공기주머니는 럭비공 모양을 한다.
· 파도에 의해 떠밀려 온 것을 채집할 수 있다.
· 사료로 이용된다.

▲ 알쏭이모자반

▲ 생태모습

알쏭이모자반
· 조간대 하부나 그보다 깊은 바다의 암석에 자란다.
· 아래 부분의 잎은 크고 긴 타원형이며 윗부분의 잎은 가늘고 뾰족하다.
· 공기주머니는 공모양이다.
· 잎 가장자리는 톱니모양이나 없는 것도 있다.
· 크기는 60cm 정도이다.

▲ 괭생이모자반

▲ 생태모습

▲ 어린개체

괭생이모자반
· 조간대 하부나 그보다 깊은 바다의 암석에 붙어 자란다.
· 잎은 깃털처럼 나며 전체적으로 긴 타원형이거나 선모양이다.
· 공기주머니는 소시지 모양으로 많이 달려있다.
· 아래 줄기와 가지에는 가시가 있다.
· 크기는 3~5m까지 자란다.

▲ 짝잎모자반

▲ 생태모습

▲ 어린개체

짝잎모자반
· 조간대 하부의 암석에 붙어 자란다.
· 부착기는 실모양이다.
· 잎은 반쪽 잎모양이다.
· 공기주머니는 계란모양이다.
· 가지는 실모양으로 어긋난다.
· 크기는 5~10cm 정도이다.

▲ 큰잎모자반   ▲ 생태모습

큰잎모자반
· 조간대 하부나 그보다 깊은 바다에서 자란다.
· 잎은 긴 타원형으로 줄기에 직접 붙어 있다.
· 아랫쪽의 잎은 매우 크고 위쪽의 잎은 작다.
· 줄기는 둥근 막대 모양이다.
· 공기주머니는 소시지 모양이다.
· 몸의 크기는 50cm 정도이다.

▲ 톱니모자반   ▲ 생태모습

톱니모자반
· 조간대 하부나 그보다 깊은 바다에서 자란다.
· 잎은 긴 타원형이고 둘레는 톱니모양을 한다.
· 공기주머니는 공 모양 또는 럭비공 모양이다.
· 아래 부분의 잎은 넓고 위부분의 것은 가늘다.
· 파도에 의해 떠밀려 온 것을 채집할 수 있다.
· 크기는 1~4m까지 자란다.

▲ 지충이

▲ 생태모습

지충이
· 조간대 중부의 암석에 붙어 자란다.
· 몸은 긴 밧줄 모양이다.
· 여러 개의 긴 줄기가 모여 자란다.
· 공기주머니는 타원형이나 잎에 섞여 잘 보이지 않는다.
· 굵은 실모양의 짧은 잎이 나선모양으로 덮고 있다.
· 크기는 50~70cm 정도이다.

▲ 외톨개모자반

▲ 생태모습

외톨개모자반
· 조간대나 그보다 깊은 바다에서 자란다.
· 잎은 얇고 편평한 막대모양이다.
· 공기주머니는 타원형으로 양끝이 가늘다.
· 줄기 표면에 혹이 많다.
· 줄기 양쪽으로 가는 줄기가 깃털모양으로 퍼진다.
· 크기는 1~3m 정도이다.

▲ 큰톱니모자반

큰톱니모자반

· 조간대 하부나 그보다 깊은 바다에 자란
다.
· 잎은 긴 타원형이고 둘레의 톱니 끝이 2
개로 갈라진다.
· 공기주머니는 공 모양 또는 럭비공 모양
이다.
· 파도에 의해 떠밀려 온 것을 채집할 수
있다.
· 크기는 1~4m까지 자란다.

▲ 톳

▲ 생태모습

톳
· 조간대 중부 및 하부의 암석에 모여 자란다.
· 줄기는 곧게 서고 긴 끈모양을 한다.
· 몸 중심에서 가지가 돌아가며 나온다.
· 잎의 가장자리에는 톱니가 있다.
· 크기는 50cm 정도이다.
· 식용한다.

♦ 홍조류

▲ 둥근돌김

▲ 생태모습

둥근돌김

· 조간대 상부의 바위에 무리지어 자란다.
· 몸은 원형으로 여러 개체가 모여 바위를 덮고 있다.
· 몸이 마르면 어두운 붉은색으로 된다.
· 몸의 가장자리는 약간 안쪽으로 굽어진다.
· 줄기는 분열하지 않고 굵고 짧다.
· 크기는 4cm 정도이다.

▲ 애기우뭇가사리

▲ 생태모습

애기우뭇가사리

· 조간대 상부의 암석에 붙어 자란다.
· 몸은 어두운 붉은색이며 암석을 덮고 있다.
· 몸은 아주 작고 모여서 나며 기는 줄기를 갖는다.
· 작은 가지는 촘촘하게 깃털모양으로 난다.
· 크기는 0.5cm 정도로 작다.

▲ 우뭇가사리

▲ 생태모습

우뭇가사리

· 조간대 하부의 암석에 붙어 자란다.
· 몸은 뭉쳐나며 전체적으로 부채모양이다.
· 가지는 깃털모양으로 4-5회 나무어지며 끝은 뾰족하다.
· 겨울이 끝나면 급속도로 무성해진다.
· 크기는 10cm 정도이다.

▲ 참풀가사리

▲ 생태모습

참풀가사리

· 조간대 중부 이하의 암석에 붙어 자란다.
· 몸은 뭉쳐나고 연한편이다.
· 가지의 끝 쪽으로 갈수록 가늘다.
· 군데군데 불규칙한 가지가 난다.
· 크기는 10-20cm 정도이다.

▲ 개우무

▲ 생태모습

개우무
· 조간대 중부의 암석에 붙어 자란다.
· 몸은 편평하고 덤불모양으로 덩어리처럼 자란다.
· 가지는 십자(十) 모양으로 낸다.
· 가지는 3-4회 깃털모양으로 뻗는다.
· 윗가지는 촘촘히 나고 아랫가지는 드믈게 난다.
· 크기는 5cm 정도이다.

▲ 혹돌잎

혹돌잎
· 조간대의 하부에 자란다.
· 몸은 분홍색이고 올록볼록하다.
· 몸은 마디가 없다.
· 몸은 돌에 붙어 둘러싼다.
· 표면은 매끈하다.

둘레게발혹

▲ 둘레게발혹

· 조간대 하부의 바위나 조수웅덩이에 자란
다.
· 몸은 석회로 덮여 있으며 뭉쳐서 난다.
· 몸은 마디가 있고 위쪽으로 갈수록 납작
하다.
· 몸은 곧게 나고 가지는 2-3회 갈라진다.
· 크기는 4cm 정도이다.

작은구슬산호말

▲ 작은구슬산호말

· 조간대 하부의 바위나 조수웅덩이에 자란
다.
· 몸은 작고 석회로 덮여 있고 뭉쳐서 난
다.
· 몸은 마디가 있다.
· 가지의 마디 부위는 납작하고 삼각형모양
이다.
· 몸의 크기는 3cm 정도이다.

▲ 산호말

▲ 생태모습

산호말

· 조간대나 그보다 깊은 바다의 바위에 자란다.
· 몸은 석회로 덮여 있고 뭉쳐난다.
· 몸은 곧게 서며 마디가 있다.
· 가지는 반복적인 깃털모양을 한다.
· 크기는 5cm 정도이다.

▲ 발굽애기산호말

▲ 생태모습

발굽애기산호말

· 조간대 하부의 다른 해조류에 붙어서 자란다.
· 몸은 공모양의 덩이를 이루고 있다.
· 몸은 석회로 덮여 있다.
· 크기는 2.5cm 정도이다.

▲ 불등풀가사리　　　　　　　　　　　▲ 생태모습

불등풀가사리
· 조간대 상부의 암석에 붙어 자란다.
· 몸은 모여서 자란다.
· 몸 내부에 공기를 가지고 있다.
· 줄기는 매우 짧다.
· 몸 끝은 2-3개로 나누어진다.
· 크기는 5cm 정도이다.

▲ 참사슬풀

▲ 생태모습

참사슬풀
· 조간대 중부 및 하부의 암석에 붙어 자란다.
· 전체적으로 덤불모양이다.
· 몸은 아래에서 무리지어 난다.
· 가지는 짧으며 통통하고 위쪽으로 갈수록 여러 차례 잘라진다.
· 크기는 5cm 정도이다.

▲ 까막살   ▲ 생태모습

까막살
· 조간대 중부의 암석에 붙어 자란다.
· 몸은 적녹색이며 무리지어 난다.
· 전체적으로 부채모양이다.
· 가지는 Y자 모양으로 위쪽으로 갈수록 여러 차례 잘라진다.
· 크기는 5cm 정도이다.

▲ 붉은까막살   ▲ 생태모습

붉은까막살
· 조간대 중부와 하부의 암석에 붙어 자란다.
· 몸은 까막살보다 진한 붉은색이며 무리지어 난다.
· 전체적으로 부채모양이고 까막살에 비해 가지가 길다.
· 가지는 Y자 모양으로 위쪽으로 갈수록 여러 차례 잘라진다.
· 크기는 7-8cm 정도이다.

▲ 지누아리

▲ 생태모습

지누아리

· 조간대 중부 및 하부의 암석에 붙어 자란다.
· 몸은 모여서 난다.
· 가지는 지네발처럼 보인다.
· 줄기는 짧고 편평한 선모양이다.
· 줄기 양옆으로 깃털모양의 가지를 낸다.
· 몸의 크기는 15cm 정도이다.

▲ 털도박

털도박

· 조간대 하부의 바위에 자란다.
· 몸은 길고 편평하며 넓다.
· 몸 전체에 털모양의 작은 가지가 덥수룩
  하게 나있다.
· 몸은 연하며 미끌미끌하다.
· 크기는 15~30cm 정도이다.

▲ 미끌도박   ▲ 생태모습

미끌도박
· 조간대 하부의 바위에 자란다.
· 양식장의 배수구에서도 발견된다.
· 몸은 약간 넓고 길며 가장자리에는 간격을 두어 주름이 있다.
· 몸은 연하며 미끌미끌하다.
· 크기는 30～60cm 정도이다.

▲ 명주도박   ▲ 생태모습

명주도박
· 조간대 하부의 바위에 자란다.
· 몸은 미끌도박 보다 짧고 편평하며 넓다.
· 줄기는 매우 짧고 나누어진다.
· 몸은 어렸을 때는 미끌미끌하나 성숙하면 촘촘한 주름이 생긴다.
· 크기는 30cm 정도이다.

▲ 벗붉은잎

벗붉은잎
· 조간대 하부나 그보다 깊은 바다에서 자
  란다.
· 몸은 전체적으로 부채모양을 한다.
· 몸은 편평한 선모양이다.
· 가지는 Y자 모양으로 낸다.
· 가지의 둘레가 톱니모양으로 된 곳이 있
  다.
· 크기는 13cm 정도이다.

▲ 갈래잎

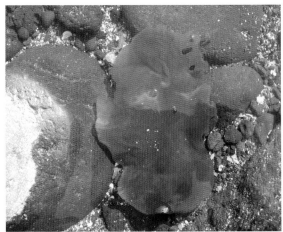

▲ 생태모습

갈래잎
· 조간대 하부의 암석에 붙어 자란다.
· 몸은 불규칙한 막모양이다.
· 늙으면 몸이 여러 개로 쪼개어지고 다육질이 된다.
· 어린 개체는 얇고 매끈하나 건조하면 조금 거칠다.
· 몸의 크기는 20cm 정도이다.

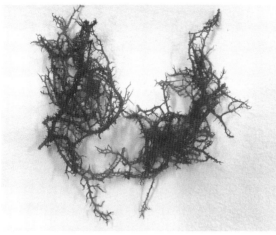

▲ 사이다가시우무

▲ 생태모습

사이다가시우무

· 조간대 하부의 암석에 붙어 자란다.
· 몸은 덤불모양이다.
· 몸 전체에 부드러운 가시가 있다.
· 작은가지는 짧고 매우 넓게 벌어져 있다.
· 크기는 6-10cm 정도이다

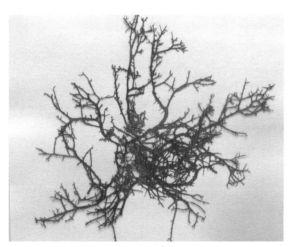

▲ 가시우무

가시우무

· 조간대 하부의 바위에 자란다.
· 몸은 가지가 엉켜서 덤불모양을 한다.
· 몸은 십자(十) 모양으로 가지를 낸다.
· 상부 가지는 하부의 것보다 짧고 넓게 벌어진다.
· 몸 전체에 가늘고 짧은 가시가 있다.
· 크기는 10cm 정도이다.

▲ 애기가시덤블

▲ 생태모습

애기가시덤블

· 조간대 상부 및 중부의 암석에 자란다.
· 몸은 바위표면을 덮는다.
· 가지 끝은 가시모양을 한다.
· 크기는 1cm 정도로 작다.

▲ 꼬시래기

▲ 생태모습

꼬시래기

· 조간대 중부와 하부의 바위에 붙어 자란다.
· 몸은 긴 끈 모양의 것이 모여서 자란다.
· 촘촘하게 깃털모양의 가지가 나누어진다.
· 건조하면 암갈색으로 변한다.
· 크기는 30cm 정도이다.

참곱슬이
· 조간대나 그보다 깊은 바다에서 자란다.
· 몸은 덤불 또는 부채모양이다.
· 가지 끝 부분이 말려 있다.
· 중심가지에서 깃털모양으로 작은가지가
  나누어진다.
· 크기는 15cm 정도이다.

▲ 참곱슬이

▲ 잎꼬시래기

▲ 생태모습

잎꼬시래기
· 조간대 하부나 그보다 깊은 바다에서 자란다.
· 몸은 곧게 서고 모여 난다.
· 리본모양의 편평한 몸이 뒤틀려 있다.
· 어릴 때는 얇은막이나 성숙하면 가죽질이 된다.
· 몸은 매끈하고 단단한 편이다.
· 크기는 20cm 정도이다.

▲ 부챗살

▲ 생태모습

부챗살
· 조간대 중부의 바위나 조수웅덩이에 자란다.
· 몸은 모여서 나고 전체적으로 부채모양이다.
· 가지는 Y자 모양으로 매우 근접하여 여러 차례 나누어진다.
· 크기는 3cm 정도이다.

▲ 진두발

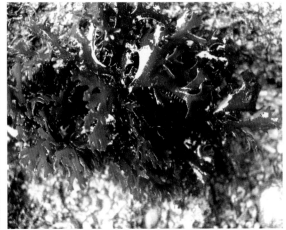

▲ 생태모습

진두발
· 조간대나 그보다 깊은 바다의 암석에 붙어 자란다.
· 몸은 녹색 또는 어두운 붉은색이다.
· 리본모양의 몸은 Y자 모양으로 2회의 가지를 낸다.
· 전체적으로 부채모양이고 몸 가장자리가 매끈하다
· 가지 끝은 둘로 나누어진 것이 많다
· 몸에 눈 모양의 반점이 있다.
· 크기는 20cm 정도이다.

▲ 주름진두발

주름진두발
· 조간대나 그보다 깊은 바다의 암석에 붙
어 자란다.
· 몸은 녹색 또는 어두운 붉은색이다.
· 리본모양의 몸은 Y자 모양으로 2회의 가
지를 낸다.
· 몸 가장자리에 작은 돌기가 있거나 없을
수도 있다.
· 가지 끝으로 갈수록 좁아져 전체적으로
부채모양을 한다.
· 크기는 20cm 정도이다.

▲ 마디잘록이

마디잘록이
· 조간대 하부나 조수웅덩이에 자란다.
· 여러 개체가 모여 자란다.
· 가지는 십자(十) 모양이고 잘록하다.
· 가지는 2-3회 깃털모양으로 나누어진다.
· 아랫쪽의 가지는 길고 위쪽의 가지는 짧
다.
· 크기는 13cm 정도이다.

엇가지풀
· 조간대 하부의 바위에 자란다.
· 곧게 선 줄기에서 실모양의 작은 가지를
  낸다.
· 가지는 엇갈려서 깃털모양으로 난다.
· 크기는 20cm 정도이다.

▲ 엇가지풀

▲ 검은서실

▲ 생태모습

검은서실
· 조간대 중부와 하부의 암석에 붙어 자란다.
· 몸은 뭉쳐서 난다.
· 가지는 십자(十) 모양으로 낸다.
· 가지는 작은 혹처럼 돌기가 생긴다.
· 크기는 10cm 정도이다.

▲ 쌍발이서실

▲ 생태모습

쌍발이서실

· 조간대 하부의 바위에 자란다.

· 몸은 연녹색 또는 붉은색으로 덤불모양을 한다.

· 가지는 여러 차례 깃털모양으로 나누어진다.

· 작은 가지는 곤봉모양이다.

· 크기는 20cm 정도이다.

▲ 혹서실

▲ 생태모습

혹서실

· 조간대 하부의 바위나 조수웅덩이에 자란다.

· 전체는 덤불모양으로 편평하다.

· 가지 끝은 혹모양으로 뭉쳐있다.

· 윗쪽의 가지는 2회 나누어지는 깃털모양이다.

· 크기는 최대 10cm 정도이다.

▲ 모로우붉은실

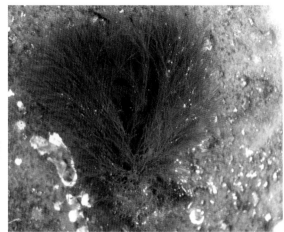

▲ 생태모습

모로우붉은실
· 조간대 중부의 바위에 자란다.
· 몸은 실모양으로 뭉쳐 난다.
· 몸은 연하여 흐물거린다.
· 가지는 깃털모양으로 조밀하게 나누어진다.
· 작은 가지는 어긋난다.
· 크기는 13cm 정도이다.

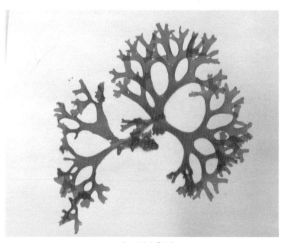

▲ 누은분홍잎

누은분홍잎
· 조간대 하부에 자란다.
· 몸은 덤불모양을 한다.
· 몸 전체가 다른 해조류에 붙는다.
· 크기는 7cm 정도이다.

▲ 무절석회조류

무절석회조류

· 조간대 바위나 조수웅덩이에 붙어 자란
  다.
· 몸은 마디가 없으며 여러 개체가 모여 난
  다.
· 석회로 몸을 완전히 덮고 있다.
· 회색이나 붉은색을 띤다.
· 단독 개체의 크기는 2-3cm 정도이다.

체험학습 활동지의 예시(저학년용)

학습주제	제주바다 조간대에는 어떤 해조류들이 살고 있을까?				
장 소	바다의 조간대	월일		날씨	

■ 조간대의 해조류를 관찰하면서 다음 활동을 하여 봅시다.

1. 해조류가 자라는 주변 환경을 그림이나 글로 나타내어 봅시다.

2. 자신이 관찰한 녹조류, 갈조류, 홍조류를 각각 한 가지씩 적으세요.

3. 해조류는 주로 어디에 붙어 있었나요?

4. 관찰한 해조류 중 우리가 식용하는 종을 2가지 적으세요.

5. 녹조류, 갈조류, 홍조류 중에서 어떤 종류의 해조류가 가장 많았나요?

학년 반	이름

체험학습 활동지(앞장에서 계속)

6. 일반적으로 녹조류, 갈조류, 홍조류 중에서 어떤 해조류가 가장 큰가요?

7. 썰물 때 공기에 노출된 해조류들의 모습을 그림이나 글로 나타내 보세요.

8. 밀물 때 해조류는 바닷물 속에서 어떤 모습인지 예상하여 봅시다.

9. 관찰한 해조류 가운데 생김새나 특징에 따라 이름이 붙여진 것을 한 가지 적으세요.

10. 해조류와 육상식물이 살아가는 환경을 비교하여 설명해 보세요.

학년	반	이름

체험학습 활동지의 예시(고학년용)

학습주제	제주바다 조간대에는 어떤 해조류들이 살고 있을까?				
장 소	바다의 조간대	월일		날씨	

■ 조간대의 해조류를 관찰하면서 다음 활동을 하여 봅시다

1. 해조류가 자라는 주변 환경을 그림이나 글로 나타내어 봅시다.

2. 해조류에서 뿌리 역할을 하는 것은 무엇인가요?

3. 해조류는 색깔에 따라 녹조류. 갈조류, 홍조류로 나뉘는데, 그 이유는 무엇일까요?

4. 해조류가 우리 생활에 이용되는 예를 적어 보세요.

5. 해조류는 식물에 속하지만 꽃이 피지 않습니다. 그렇다면 무엇으로 번식할까요?

학년 반	이름

체험학습 활동지(앞장에서 계속)

6. 녹조류, 갈조류, 홍조류는 바닷물의 깊이에 따라 사는 곳이 다릅니다. 그 이유는 무엇일까요?

7. 해조류와 육상식물 중 어느 것이 고등식물일까요? 그 이유는 무엇일까요?

8. 미역은 갈조류에 속합니다. 그러나 미역을 끓이면 녹색으로 변하는데, 그 이유는 무엇일까요?

9. 해조류는 해양생태계에서 어떤 역할을 하나요?

10. 해조류들은 광합성을 하기 위하여 공통적으로 가지고 있는 물질이 있습니다. 그 물질은 무엇인가요?

11. 조간대의 상부, 중부, 하부에서 가장 많이 나타나는 해조류의 종류를 한 가지씩 적으세요.

    상부 :
    중부 :
    하부 :

학년 반	이름

제 4 장
바닷가식물

1. 바닷가식물의 특성

육지와 바다가 접하는 해변은 바닷물이 밀려오고 빗물에 씻긴 육지의 물질들이 내려오는 경계 지역으로 염분이 많은 바람을 직접 받게 됩니다. 따라서 이곳에 사는 바닷가식물들은 염분이 체내로 들어오면 세포내에서 걸러내야 하기 때문에 염분과 바람 등의 불리한 환경을 극복하면서 자라고 있습니다.

염분이 있는 환경속에서 살아가고 있는 식물을 가리켜 염생식물이라고 합니다. 좀 더 염생식물을 자세하게 설명하면 바닷가나 내륙의 소금기가 있는 호숫가, 소금이 있는 바위 지대에서 자라는 식물을 말합니다. 염생식물의 세포 안에는 염분이 들어 있어 삼투압이 높기 때문에 토양의 물을 잘 흡수하는 특징이 있습니다. 이러한 이유로 염생식물의 줄기와 잎은 두꺼운 다육질이거나 바람을 이겨내기 위해 가죽처럼 두꺼운 것들이 많습니다. 나문재, 해홍나물, 수송나물 등은 대표적인 염생식물입니다. 또 염생식물의 다른 특징 중 하나는 가을철이 되면 식물의 아래에서부터 점차 위로 단풍이 드는 것처럼 빨갛게 물들어 가는 것을 볼 수 있습니다.

이 교재에서는 이러한 염생식물을 포함하여 주로 바닷가의 척박한 환경에서 자라는 식물을 바닷가식물로 다루었습니다.

▲ 나문재의 무리

▲ 다육질인 해홍나물

2. 바닷가식물이 자라는 환경

바닷가식물들이 살아가는 환경들은 아주 다양합니다. 어떤 식물들은 밀물 때에도 바닷물에 잠긴 채로 뿌리를 내려 자라는데, 이에 속하는 대표적인 식물로는 지채, 천일사초, 거머리말 등을 들 수 있습니다. 지채나 천일사초는 썰물이 되면 공기 중에 노출되지만, 거머리말은 얕은 바다에서 서식하며 밀물이나 썰물에 관계없이 완전히 바닷물 속에 잠겨 살아가는 유일한 꽃식물입니다.

▲ 밀물 때 바닷물에 잠긴 지채

▲ 뿌리가 끊어져 수면위로 올라온 거머리말

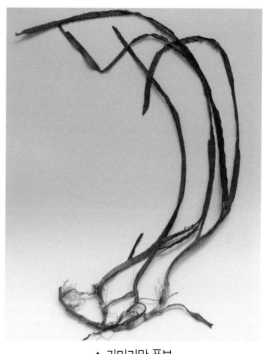

▲ 거머리말 표본

한편 제주바다의 지형은 한반도의 바다 지형과는 상당히 다른 면을 갖고 있습니다. 과거의 화산활동으로 표면에는 용암이 급히 굳어져 구멍이 많은 현무암이 거의 대부분을 차지하고 있습니다. 시간이 흐르면서 현무암은 거북이 등처럼 틈이 벌어져 물을 함유하게 되고, 여기에 씨앗이 떨어지게 되면 발아하여 식물이 자라게 되는 것입니다. 이러한 환경은 바닷가식물이 암석을 풍화시키는 한 가지 요인이 되는 것입니다.

　또한 많은 바닷가식물들은 바위가 부서져 생긴 돌이나 자갈밭에서 자라고 있습니다. 물론 이러한 환경은 빗물에 의해 씻겨 내려온 육지의 토양과 바다에서 밀려온 모래 등이 섞여 있는 것입니다. 그러나 들이나 산에서 자라는 식물의 환경보다는 훨씬 척박한 곳입니다.

▲ 바위 틈에 뿌리를 내린 바닷가식물들

▲ 바위가 갈라진 틈에 뿌리를 내린 갯개미자리와 땅채송화

▲ 자갈밭에 자라고 있는 모새달

그런가 하면 제주도의 바닷가에는 육지의 흙모래가 비에 의해 흘러오거나 해양의 돌이 부서져 모래로 형성된 모래해안을 종종 볼 수 있습니다. 또한 조개나 고둥과 같은 패류의 껍질들이 부서져 파도에 밀려와 쌓여 생긴 패사해안 등이 있는데, 이들이 육지와 맞닿는 부분에 모래 언덕(해안사구)을 형성하여 식물이 살 수 있는 환경을 조성합니다. 이러한 곳에 사는 바닷가식물들은 보통 줄기나 잎이 다육질인 것이 많습니다. 왜냐구요. 사막에서도 그러하듯이 식물체가 모래라는 환경에서 살아가려면 일정량의 수분을 간직해야 하기 때문에 수분 증발을 억제해야 합니다. 어떤 식물은 모래 바닥을 기어가면서 줄기의 중간에 뿌리를 내려 뻗어가는 식물도 종종 볼 수 있습니다.

▲ 모래 언덕 주변의 다양한 바닷가식물

　이외에도 육상의 빗물이 흘러 내려오고 바닷물이 밀려오는 경계인 기수지역 주변에는 특이하게 자라는 식물들도 있는데, 갈대와 부들은 그 대표적인 식물입니다. 물론 이 지역은 밀물 때와 썰물 때의 염분의 변화폭이 너무 커서 광염성 식물들이 자라게 되는 것입니다.

▲ 모래 바닥을 기면서 줄기의 중간에 뿌리를 내린 순비기나무의 모습

▲ 부들

위에서 설명한 바닷가식물들은 바위나 돌 틈, 자갈, 모래 등과 같은 척박한 환경에서 자라기 때문에 뿌리를 깊게 내리지 못하며, 또한 강한 바닷바람과 염분의 영향으로 산이나 들에서 자라는 식물보다는 키가 작습니다.

바닷가식물의 이름에는 '갯"이라는 말이 들어가는 식물들이 많습니다. 갯쑥부쟁이, 갯금불초, 갯까치수영 등이 그러한 식물들인데, '갯' 이라는 말은 바다를 의미하는 순 우리말입니다. 예를 들어 쑥부쟁이와 갯쑥부쟁이는 같은 과에 속하는 식물이지만 사는 환경이 육상이냐 또는 해변이냐에 따라 따로 붙여진 이름입니다. 물론 식물형태의 모양도 환경이 다름으로 해서 달라집니다.

3. 식물의 분류

물체의 분류는 같은 것끼리 모이고 다른 것끼리 나누는 것이지요. 식물의 분류도 마찬가지로 같은 식물끼리 모여서 다른 식물과 구별하는 것입니다. 같은 것끼리 모이고 다른 것끼리 나누어 가면 식물은 다음과 같이 분류됩니다.

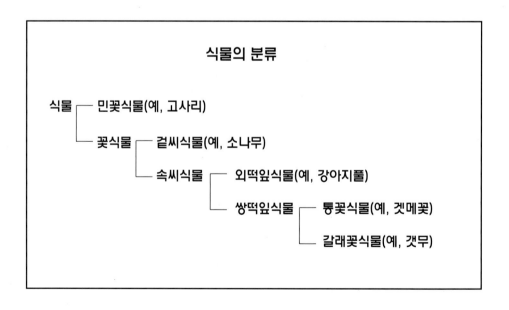

위와 같이 식물은 크게 다섯 무리로 분류됩니다. 그래서 식물을 보면 통꽃인가 갈래꽃인가를 관찰하고 다음에 외떡잎식물과 겉씨식물을 알아내고 민꽃식물을 구별해 낸 다음에 학습 도감을 찾으면 식물 이름이 나옵니다.

용어 설명

· 한해살이풀 : 일년생초
· 두해살이풀 : 2년생초
· 여러해살이풀 : 다년생초
· 여러해살이덩굴풀 : 다년생만초
· 늘푸른여러해살이풀 : 상록다년생초
· 갈잎작은키나무 : 낙엽관목
· 늘푸른넓은잎나무 : 상록활엽수
· 늘푸른넓은잎덩굴나무 : 상록활엽만목
· 늘푸른넓은잎작은키나무 : 상록활엽관목
· 늘푸른바늘잎큰키나무 : 상록침엽교목

---

4. 제주도의 바닷가식물

가. 민꽃식물

▲ 도깨비고비

도깨비고비
· 바닷가 풀밭이나 바위틈에 자라는 늘푸른 고사리식물이다.
· 줄기는 짧고 굵으며 끝에서 잎이 뭉쳐난다.
· 잎은 깃털 모양으로 표면이 윤기가 있고 뒷면에 포자주머니가 있다.
· 잎자루 밑에 비늘이 많다.

나. 겉씨식물

▲ 해송

해송
· 바닷가 기슭에 자라는 늘푸른바늘잎큰키나무이다.
· 나무껍질은 흑갈색이다.
· 잎은 짧은 가지에 두 개씩 붙어 뭉쳐난다.
· 꽃은 암수한그루이고 새순에 수꽃이 달리고 그 밑에 암꽃이 달린다.
· 씨는 날개 모양의 것이 붙어 있다.

다. 외떡잎식물

▲ 갈대

갈대
· 바닷물과 민물이 만나는 습지에 자라는 여러해살이풀이다.
· 뿌리줄기가 땅속으로 뻗으며 마디에서 수염뿌리가 난다.
· 잎은 두 줄로 어긋난다.
· 꽃은 9월에 피고 자주색에서 갈색으로 변한다.
· 줄기는 자리를 만드는데 쓰이고 어린순은 식용한다.

▲ 갯강아지풀

갯강아지풀
· 바닷가 풀밭이나 바위틈에 자라는 한해살이풀이다.
· 줄기는 밑에서 갈라지며 강아지풀 보다 작고 까끄라기가 길다.
· 꽃은 7-9월에 피며 이삭은 연녹색에서 황금색으로 변한다.
· 열매는 물새들의 먹이감이다.

▲ 갯겨이삭

갯겨이삭
· 바닷가의 바위틈에 자라는 여러해살이풀
  이다.
· 가는 줄기는 곧게 선다.
· 잎은 매끈하다.
· 꽃은 6월에 피며 연한 녹색이다.

▲ 갯그령

갯그령
· 바닷가 모래땅에 자라는 여러해살이풀이
  다.
· 뿌리줄기가 옆으로 뻗는다.
· 줄기는 밋밋하다.
· 잎 표면은 거칠다.
· 꽃은 7월에 피며 흰색이다.

▲ 갯잔디

갯잔디

· 바닷가 모래밭이나 바닷물이 닿는 바위 틈에 자라는 여러해살이풀이다.
· 뿌리줄기는 옆으로 뻗는다.
· 땅위줄기는 곧게 선다.
· 꽃은 6월에 줄기 끝에 이삭처럼 핀다.

▲ 거머리말

거머리말

· 얕은 바닷물 밑 모래바닥에서 자라는 여러해살이바다풀이다.
· 땅속줄기는 흰색이고 옆으로 길게 뻗는다.
· 줄기는 드물게 갈라진다.
· 잎은 연한 녹색이고 어긋난다.
· 꽃은 암수한그루이고 녹색의 꽃이 6-8월에 핀다.
· 뿌리줄기를 식용한다.

▲ 맥문아재비

맥문아재비
· 바닷가 기슭에 자라는 여러해살이풀이다.
· 뿌리줄기는 짧고 뭉쳐난다.
· 잎은 녹색이고 윤이 난다.
· 꽃은 8-9월에 피며 흰색이다.
· 열매는 9월에 청색으로 익는다.

▲ 모새달

모새달
· 바닷가 습지에 자라는 여러해살이풀이다.
· 뿌리줄기는 굵고 옆으로 뻗는다.
· 땅위줄기는 곧게 선다.
· 잎에 털이 없거나 긴 털이 드문드문 있다.
· 꽃은 6-7월에 피며 연한 보라색이다.

▲ 문주란

문주란

· 바닷가 모래밭에 자라는 늘푸른여러해살
  이풀이다.
· 뿌리줄기는 기둥모양이고 밑 등에서 굵은
  수염뿌리가 난다.
· 잎은 두껍고 윤기가 나며 줄기 끝에서 사
  방으로 벌어진다.
· 꽃은 7-8월에 줄기 끝에 피며 흰색이고
  향기가 난다.
· 열매는 8-9월에 둥근 모양으로 달린다.
· 제주도 토끼섬에 자생하는 것은 천연기념
  물로 지정되어 있다.

▲ 부들

부들

· 바닷가 연못이나 습지에 자라는 여러해살
  이풀이다.
· 뿌리줄기가 옆으로 뻗고 줄기는 단단하
  다.
· 잎은 납작하고 밋밋하다.
· 암수한그루이고 꽃은 7월에 피고 노란색
  이다.
· 열매는 긴 막대형이고 적갈색이다.
· 잎으로 방석을 만든다.

▲ 왕잔디

왕잔디
· 바닷가 모래땅에 자라는 여러해살이풀이
다.
· 뿌리줄기는 땅속으로 뻗고 마디에서 뿌리
가 내린다.
· 줄기는 곧게 선다
· 잎은 옆으로 펴지며 어긋난다.
· 꽃은 7-9월에 피고 짙은 갈색이다.

▲ 지채

지채
· 바닷물이 닿는 물가에 자라는 여러해살이
풀이다.
· 뿌리줄기가 굵고 짧으며 땅위줄기는 많이
난다.
· 잎은 밑에서 뭉쳐난다.
· 꽃은 6-10월에 피며 자주색을 띤 녹색이
다.
· 연한 잎은 식용한다.

참나리

▲ 참나리

- 바닷가 기슭에 모여 자라는 여러해살이 풀이다.
- 줄기는 기둥모양으로 보라색이 도는 갈색이고 끝에 흰색털이 있다.
- 잎은 짙은 녹색이고 어긋나며 잎겨드랑이에 짙은 갈색의 둥그런 살눈이 있다.
- 꽃은 황적색 바탕에 검은 점이 많고 7-8월에 줄기 끝에 2-10 송이가 핀다.

천문동

▲ 천문동

- 바닷가 풀밭이나 자갈밭에 자라는 여러해살이덩굴풀이다.
- 뿌리줄기는 짧고 굵으며 뿌리가 많다.
- 땅줄기는 덩굴성이고 가지는 가늘다.
- 잎은 작은 비늘모양이고 더러는 가시로 변한다.
- 꽃은 5-6월에 피며 연한 노란색이다.

▲ 천일사초

천일사초
· 바닷가 민물이 흘러드는 습지에 자라는
  여러해살이풀이다.
· 뿌리줄기는 옆으로 길게 뻗고 세모난다.
· 땅위줄기는 거칠고 곧게 선다.
· 잎은 부분적으로 붉은 자주색을 띤다.
· 꽃은 5월에 피고 진한 황색이다.

▲ 좀보리사초

좀보리사초
· 바닷가 모래밭에 모여 자라는 여러해살
  이풀이다.
· 뿌리줄기는 옆으로 뻗는다.
· 줄기는 삼각 기둥모양이고 거칠다.
· 잎은 질기고 표면에 윤기가 난다.
· 암수다른그루이고 꽃은 4-6월에 피고
  갈색이다.

▲ 홍도원추리

홍도원추리
· 바닷가 풀밭이나 바위에 모여 나는 여러
  해살이풀이다.
· 뿌리는 끈 모양이고 일부는 덩이뿌리이
  다.
· 잎은 두껍고 뿌리줄기에서 나며 겨울을
  난다.
· 꽃은 8-9월에 피며 짙은 노란색이다.

라. 통꽃식물

▲ 갯까치수영

갯까치수영
· 갯가의 풀밭이나 바위틈에 자라는 두해
  살이풀이다.
· 줄기는 붉은 색을 띤다
· 잎은 두껍고 윤이 나며 어긋나기이다.
· 꽃은 6-7월에 줄기 끝에 모여 피며 흰색
  이다.
· 열매는 둥글고 씨가 많다.

▲ 갯금불초

갯금불초

· 바닷가 모래밭에 모여 나는 여러해살이
  풀 이다.
· 줄기는 기며 마디에서 뿌리가 내리고 가
  지가 비스듬히 선다.
· 잎은 두껍고 거친 잎이 마주난다.
· 꽃은 7-10월에 피며 노란색이다.
· 열매는 세모 또는 네모 모양이다.

▲ 자주덩굴민백미

자주덩굴민백미

· 바닷가 풀밭이나 바위틈에 자라는 여러
  해살이풀이다.
· 줄기는 여러 개로 뭉쳐나고 윗부분은 덩
  굴성이다.
· 잎은 타원형이고 마주난다.
· 꽃은 6-8월에 잎겨드랑이에 피며 황백
  색이다.
· 고추모양의 열매가 달린다.

▲ 갯메꽃

갯메꽃
- 바닷가 모래밭이나 풀밭에 자라는 여러해살이풀이다.
- 줄기는 기며 때로는 다른 물체에 감아 오른다.
- 잎은 두껍고 윤기가 나며 어긋난다.
- 꽃은 5-6월에 피며 연분홍색이다.
- 열매는 3개의 씨가 들어있다.

▲ 갯쑥부쟁이

갯쑥부쟁이
- 바닷가 풀밭이나 바위틈에 자라는 두해살이풀이다.
- 줄기는 사방으로 퍼지며 비스듬히 선다.
- 잎은 줄기에 촘촘하게 달린다.
- 꽃은 8-12월에 피며 연보라색이다.
- 어린잎은 식용한다.

▲ 갯씀바귀

갯씀바귀

· 바닷가 모래땅에 자라는 여러해살이풀이
다.
· 땅속줄기는 옆으로 길게 뻗고, 땅위 줄
기를 꺾으면 흰색 즙이 난다.
· 잎은 긴 잎자루가 있고 어긋난다.
· 꽃은 6-7월에 피며 노란색이다.

▲ 갯질경이

갯질경이

· 바닷가 자갈밭이나 모래밭에 자라는 두
해살이풀이다.
· 뿌리는 단단하고 곧게 뻗는다.
· 잎은 밑에서 뭉쳐나고 양면에 털이 있
다.
· 꽃은 5-6월에 꽃줄기에서 여러 개의 가
지를 내어 피며 흰색이다.
· 어린잎은 식용한다.

▲ 낚시돌풀

낚시돌풀
· 바닷가의 바위틈이나 자갈밭에 자라는 여러해살이풀이다.
· 줄기는 가지가 많다.
· 잎은 두껍고 윤기가 있으며 마주난다.
· 꽃은 8-9월에 줄기와 가지 끝에 피며 흰색이다.

▲ 모래지치

모래지치
· 바닷가 모래밭에 자라는 여러해살이풀이다.
· 뿌리줄기는 옆으로 뻗으며 가지가 많이 갈라진다.
· 두껍고 양면에 털이 있는 잎이 어긋난다.
· 꽃은 5-8월에 피며 흰색이다.

▲ 큰비쑥

큰비쑥
· 바닷가 자갈밭이나 바위틈에 자라는 두 해살이풀이다.
· 줄기는 곧게 서고 밑에서 가지가 많이 갈라진다.
· 뿌리에서 나온 잎은 방석처럼 퍼진다.
· 꽃은 9월에 피며 황갈색이다.

▲ 사데풀

사데풀
· 바닷가의 풀밭에 자라는 여러해살이풀이다.
· 땅속줄기가 뻗어서 퍼지며 땅위줄기는 가지를 치고 속이 비어있다
· 잎은 어긋난다.
· 꽃은 8-10월에 줄기 끝에 피며 노란색이다.
· 어린잎은 식용한다.

▲ 순비기나무

순비기나무
- 바닷가 모래밭이나 바위틈에 자라는 늘 푸른넓은잎나무이다.
- 줄기는 눕거나 땅위를 긴다.
- 잎은 두껍고 회백색이며 마주난다.
- 꽃은 7-9월에 피며 푸른 보라색이다.
- 모래가 날리지 않도록 막아주는 역할을 한다.
- 열매는 약용한다.

▲ 참골무꽃

참골무꽃
- 바닷가 모래밭에 자라는 여러해살이풀이다.
- 뿌리줄기가 옆으로 길게 뻗는다.
- 전체에 흰털이 나고 줄기가 곧게 선다.
- 잎은 양면에 털이 있고 마주난다.
- 꽃은 5-6월에 피며 자주색이다.

▲ 갯개미취

갯개미취

· 바닷가 습지에 자라는 두해살이풀이다
· 원줄기에는 털이 없고 위에서 가지가 갈
  라지며 밑에는 붉은빛이 돈다.
· 뿌리에서 난 잎과 밑 부분의 잎은 꽃이
  필 때 없어진다.
· 꽃은 8-11월에 피고 자주색이다.

▲ 털머위

털머위

· 바닷가 풀밭이나 바위틈에 자라는 늘푸
  른여러해살이풀이다.
· 전체에 연한 갈색 솜털이 난다.
· 잎은 심장모양으로 윗면은 짙은 녹색이
  고 뒷면은 흰색이다.
· 꽃은 9-10월에 피며 노란색이다.
· 관상용으로 이용되며, 잎자루는 식용한
  다.

▲ 해국

해국
· 바닷가 풀밭이나 바위틈에 자라는 여러 해살이풀이다.
· 전체에 부드러운 털이 난다.
· 줄기는 비스듬히 자라고 밑에서 갈라진다.
· 잎은 양면에 융털이 있고 어긋난다.
· 꽃은 7-11월에 피며 연한 자주색이다.
· 관상용으로 이용한다.

▲ 감국

감국
· 바닷가 풀밭에 나는 여러해살이풀이다.
· 원줄기에 가지가 많이 갈라지고 흰색의 털이 많다.
· 잎은 둥근 타원형이며 짙은 녹색이다.
· 꽃은 10-11월에 무더기로 피고 노란색이다.
· 약용한다.

마. 갈래꽃식물

▲ 가는갯능쟁이

가는갯능쟁이
· 바닷가 자갈밭에 자라는 한해살이풀이다.
· 잎은 어긋나고 잎 끝이 뾰쪽하다.
· 줄기는 곧게 선다.
· 꽃은 7-8월에 피며 연한 녹색이다
· 씨는 갈색이며 둥글고 납작하다

▲ 까마귀쪽나무

까마귀쪽나무
· 바닷가 기슭에 자라는 늘푸른넓은잎나무
  이다.
· 잎은 질기고 뒷면에 갈색털이 있다.
· 암수다른그루이고 꽃은 10월에 피며 황
  백색이다.
· 열매는 녹색에서 자줏빛으로 변한다.
· 해풍에 강하여 방풍림으로 심는다.

▲ 갯강활

갯강활
· 바닷가의 풀밭이나 자갈밭에 자라는 여러
  해살이풀이다.
· 줄기는 짙은 보라색을 띤다.
· 뿌리에서 나는 잎은 잎자루가 길다.
· 꽃은 7-9월에 피며 흰색이다.

▲ 갯개미자리

갯개미자리
· 바닷가 풀밭이나 바위틈에 자라는 한해살
  이풀이다.
· 줄기가 밑에서 여러 개로 갈라진다.
· 잎은 마주나기이다.
· 꽃은 5-8월에 줄기끝 부분의 잎겨드랑이
  에 피며 흰색이다.

▲ 갯기름나물

갯기름나물
· 바닷가 풀밭에 자라는 여러해살이풀이다.
· 뿌리는 굵다.
· 줄기는 단단하고 곧게 자란다.
· 꽃은 6-7월에 피며 흰색이다.
· 연한 잎은 식용한다.

▲ 갯능쟁이

갯능쟁이
· 바닷가 자갈밭에 자라는 한해살이풀이다.
· 줄기는 곧게 자라고 많은 가지를 친다.
· 잎은 연두색이며 어긋난다.
· 꽃은 7-8월에 피며 연한 녹색이다.
· 씨는 둥글고 납작하며 갈색이다.

▲ 갯대추

갯대추

· 바닷가에 풀밭에 자라는 갈잎작은키나무
이다.
· 잎은 어긋나고 턱잎이 가시로 변한다.
· 암수한그루이고 꽃은 6월에 피며 황록색
이다.
· 열매는 9-10월에 익는다.
· 우리나라에서는 제주도 바닷가에서만 자
라는 희귀식물이다.

▲ 갯무

갯무

· 바닷가 풀밭에 자라는 무의 야생종이다.
· 줄기는 가늘고 가지를 많이 친다.
· 잎은 무보다 작다.
· 꽃은 4-6월에 피며 붉은 자주색이다.
· 갖춘꽃의 해부실험 재료로 쓴다.

▲ 갯방풍

갯방풍
· 바닷가 모래밭에 자라는 여러해살이풀이
 다.
· 땅위줄기는 짧고 땅속줄기는 길며 노란색
 이다.
· 잎은 윤기가 나고 모래위에 깔린다.
· 꽃은 5-8월에 피며 흰색이다
· 잎자루는 식용하고, 뿌리는 약용으로 쓴
 다

▲ 갯사상자

갯사상자
· 바닷가 바위틈이나 자갈밭에 자라는 두해
 살이풀이다.
· 뿌리는 굵고 곧게 뻗는다.
· 줄기는 많은 가지를 친다.
· 잎은 윤기가 난다
· 꽃은 8-10월에 피며 흰색이다.
· 뿌리를 약용으로 쓴다.

▲ 갯완두

갯완두
· 바닷가 모래밭에 자라는 여러해살이풀이
다.
· 땅속줄기는 옆으로 길게 뻗는다.
· 잎은 어긋나고 잎 끝이 덩굴손으로 변한
다.
· 꽃은 5-6월에 피며 붉은 자주색이다
· 열매는 8-9월에 꼬투리 모양으로 달린
다.

▲ 갯장구채

갯장구채
· 바닷가 풀밭이나 바위틈에 자라는 두해살
이풀이다.
· 전체에 잔털이 있다.
· 줄기는 곧게 자란다.
· 잎은 마주난다.
· 꽃은 5-6월에 피며 분홍색이다.

▲ 나문재

나문재
· 바닷가의 풀밭이나 자갈밭에 자라는 한해
  살이풀이다.
· 줄기는 가지를 많이 친다.
· 잎은 뭉쳐나고 가을에 녹색에서 붉은색으
  로 변한다.
· 꽃은 7-8월에 꽃자루 위에 피며 노란색
  이다
· 어린식물은 식용한다.

▲ 다정큼나무

다정큼나무
· 바닷가 기슭에 자라는 늘푸른넓은잎작은
  키나무이다.
· 잎은 질기고 갈색털이 많다.
· 꽃은 4-6월에 피며 회색이다
· 열매는 10-11월에 검은자주색으로 익는
  다.
· 관상용이나 가로수로 심는다.

▲ 땅채송화

땅채송화
· 바닷가 바위 위에 모여 자라는 여러해살
　이풀이다.
· 줄기는 옆으로 뻗고 가지가 곧게 선다.
· 잎은 다육질이며 어긋난다.
· 꽃은 5-7월에 피며 노란색이다.

▲ 돌가시나무

돌가시나무
· 바닷가의 자갈밭이나 바위틈에 자라는 늘
　푸른넓은잎덩굴나무이다.
· 줄기는 가시가 많고 길게 뻗는다.
· 잎은 윤기가 있으며 어긋난다.
· 꽃은 6-7월에 피며 흰색이다.

▲ 암대극

암대극
· 바닷가 돌밭에 자라는 여러해살이풀이다.
· 줄기는 굵다
· 잎은 촘촘하며 어긋난다.
· 꽃은 4-5월에 피며 노란색이다.

▲ 번행초

번행초
· 바닷가 모래밭이나 풀밭에 자라는 여러해
  살이풀이다.
· 잎은 다육질이다.
· 아래 줄기는 땅을 긴다.
· 잎은 어긋나고 살이 연하다.
· 꽃은 5-6월에 피며 노란색이다.
· 어린잎은 식용한다.

▲ 보리밥나무

보리밥나무
· 바닷가 기슭에 자라는 늘푸른넓은잎덩굴
  나무이다.
· 가지는 은백색이고 갈색털이 있다.
· 잎은 어긋나고 뒷면에 흰색의 작은 털이
  있다.
· 꽃은 9-11월에 피며 은백색이다.
· 열매는 4-5월에 타원형으로 붉게 익는
  다.

▲ 분홍개미자리

분홍개미자리
· 바닷가의 풀밭이나 자갈밭에 자라는 한두
  해살이풀이다.
· 줄기가 밑에서 여러 개로 갈라진다.
· 잎은 마주나며 턱잎이 있다
· 꽃은 5-8월에 피며 분홍색이다.
· 유럽원산의 귀화식물이다.

사철나무
· 바닷가 기슭에 자라는 늘푸른넓은잎나무이다.
· 잎은 마주나고 윤기가 있다.
· 꽃은 6-7월에 피며 청록색이다.
· 열매는 둥글고 10월에 붉게 익는다.
· 금사철나무, 은사철나무 등의 재배식물이 있다.

▲ 사철나무

선인장
· 바닷가의 바위틈이나 풀밭에 자라는 여러해살이풀이다.
· 줄기는 손바닥 모양으로 많이 갈라지고 살이 두껍다.
· 잎은 가시로 바뀌었다.
· 꽃은 8-9월에 피며 노란색이다.
· 열매는 붉은 보라색이다.
· 북아메리카 남부 원산의 재배식물이다.
· 관상용, 식용, 약용으로 쓴다.

▲ 선인장

▲ 섬갯장대

섬갯장대
· 바닷가 모래땅이나 바위틈에 자라는 두해
 살이풀이다.
· 줄기에 가지가 거의 없다.
· 뿌리에서 난 잎은 뭉쳐나고, 줄기에서 난
 잎은 어긋난다.
· 꽃은 4-6월에 피며 흰색이다.
· 열매는 줄기 끝에서 곧게 자란다.

▲ 수송나물

수송나물
· 바닷가 모래밭에 자라는 한해살이풀이다.
· 줄기는 밑에서 가지를 많이 치고 곧게 자
 란다.
· 잎은 살이 많고 어긋난다.
· 꽃은 7-8월에 피며 연한 녹색이다.
· 어린잎은 식용한다.

▲ 애기달맞이꽃

애기달맞이꽃
· 바닷가 모래밭이나 풀밭에 자라는 두해살
　이풀이다.
· 줄기는 기고 전체에 털이 있다.
· 뿌리에서 난 잎은 잎자루가 길다.
· 꽃은 5-6월에 피며 노란색이다.

▲ 염주괴불주머니

염주괴불주머니
· 바닷가 모래땅이나 풀밭에 자라는 두해살
　이풀이다.
· 만지면 불쾌한 냄새가 난다.
· 잎은 어긋난다.
· 꽃은 3-5월에 피며 노란색이다.
· 열매는 염주모양이다.

▲ 우묵사스레피나무

우묵사스레피나무
· 바닷가의 풀밭이나 바위틈에 자라는 늘푸른넓은잎작은키나무이다.
· 잔가지에 황갈색 털이 많다.
· 잎은 어긋나고 끝이 우묵하게 들어갔다.
· 암수다른그루이고 꽃은 6월에 피며 연한 황갈색이다.
· 열매는 둥글고 검은색이다.
· 열매가 쥐똥 같아서 갯쥐똥나무 라고도 한다.

▲ 함박이

함박이
· 바닷가 기슭에 자라는 갈잎작은키나무이다.
· 잎은 방패 모양이고 어긋난다.
· 암수한그루로 꽃은 6-7월에 피며 연녹색이다.
· 열매는 둥근 모양에 붉은 자주색이다.
· 줄기는 바구니 재료로 쓰이며, 뿌리는 약용한다.

▲ 해녀콩

해녀콩
· 바닷가 모래밭이나 자갈밭에 자라는 여러해살이덩굴풀이다.
· 줄기는 길게 뻗는다.
· 잎은 짙은 녹색이고 어긋난다.
· 꽃은 6-8월에 피며 연한 붉은 보라색이다.
· 열매는 10월에 꼬투리모양으로 익는다.
· 독성이 강한 식물이다.
· 토끼섬과 비양도에 자생한다.

▲ 해홍나물

해홍나물
· 바닷가 풀밭이나 자갈밭에 모여 자라는 한해살이풀이다.
· 줄기는 곧게 자란다.
· 잎은 다육질이고 어긋난다.
· 꽃은 7-8월에 피며 꽃자루가 없는 녹황색이다.
· 어린잎은 식용한다.

황근

· 바닷가 자갈밭에 드물게 자라는 갈잎작은
키나무이다.

· 줄기는 작은 가지를 친다.

· 잎은 두껍고 어긋난다.

· 꽃은 6-8월에 피며 연노란 색의 꽃잎 중
앙에 짙은 붉은색이 있다.

· 제주도의 희귀식물로 지정되어 있다.

▲ 황근

해당화

· 바닷가의 모래땅에 자라는 갈잎작은키나
무이다.

· 줄기에는 가시가 많고 꽃가지에는 융털이
촘촘히 난다.

· 잎은 어긋나고 깃털모양의 겹잎이다.

· 꽃은 5-7월에 피며 분홍색이고 열매는
붉게 익는다.

· 관상용으로 심는다.

▲ 해당화

체험학습 활동지의 예시

학습주제	우리 마을의 바닷가에는 어떤 식물들이 살고 있을까?				
장 소	바위나 자갈이 있는 바닷가	월일		날씨	

■ 바닷가의 바위나 자갈에서 자라는 식물을 관찰하면서 다음 활동을 하여 봅시다

1. 바닷가의 바위나 자갈에서 자라는 식물들의 자라는 주변 환경을 그림이나 글로 나타내어 봅시다.

2. 바위틈에서 자라는 바닷가 식물을 2종류만 써 보세요.

3. 자갈 틈에서 자라는 바닷가 식물을 2종류만 써 보세요.

4. 바닷가 식물의 잎을 따서 잎맥이 나오도록 문질러 봅시다.

학년 반	이름

체험학습 활동지(앞장에서 계속)

5. 바닷가 식물을 분류할 때 주로 어떤 기준을 가지고 분류하나요?

6. 바닷가 식물의 이름 중 생김새나 특징에 따라 붙여진 것을 2종 적어 보세요.

7. 염생식물은 어떤 식물을 말하는지 그 뜻을 쓰시오.

8. 아래로부터 빨갛게 물들어 가는 바닷가 식물이 있다면 그 식물의 이름을 적어 보세요.

9. 일반적으로 바닷가 식물은 육지의 식물에 비하여 키가 작은데, 그 이유는 무엇일까요?

10. 바닷가 식물 중 바위틈에서 자라는 식물은 바위에 어떤 영향을 미칠까요?

11. 바닷가 식물과 육지식물의 차이점을 2가지 적으세요.

학년	반	이름

체험학습 활동지의 예시

학습주제	우리 마을의 바닷가에는 어떤 식물들이 살고 있을까?				
장　소	모래 해안	월일		날씨	

■ 바닷가의 모래에서 자라는 식물을 관찰하면서 다음 활동을 하여 봅시다

1. 바닷가의 모래에서 자라는 식물들의 주변 환경을 그림이나 글로
   나타내어 봅시다.

2. 모래에서 자라는 바닷가식물을 2종만 써 보세요.

3. 모래에서 기는 줄기를 가진 식물은 어떤 것들이 있나요?

4. 모래에서 자라는 바닷가식물의 잎을 따서 잎맥이 나오도록 문질러 봅시다.

	학년　　　반	이름

5. 모래에서 자라는 바닷가식물 중 잎이나 줄기가 다육질인 식물은 어떤 것들이 있나요?

6. 모래에서 자라는 일부의 바닷가식물이 다육질의 잎이나 줄기를 가지는 이유는 무엇일까요?

7. 모래 언덕은 어떻게 해서 생긴 것일까요?

8. 염생식물이란 어떤 식물을 의미하나요?

9. 모래에서 자라는 바닷가식물의 뿌리는 자갈에서 자라는 바닷가식물의 뿌리와 비교할 때 어떤 차이가 있을까요?

10. 바닷가식물 중 모습이 비슷하여 혼동이 되는 식물이 있었나요? 그 식물들의 이름을 적고, 비슷한 점을 써 보세요.

식물 이름 : (   ) 과 (   )

비슷한 점 :

11. 바닷가식물을 자원화 할 수 있는 방법은 어떤 것이 있을까요?

학년 반	이름

제 5 장
해양생태계와 환경오염

1. 해양생태계

육상의 생물처럼 바다에 사는 생물도 자연의 질서 속에서 생활하고 있습니다. 다만 다른 점은 살아가는 환경이 다를 뿐입니다. 조간대의 저서생물의 생활은 퇴적물이나 암반과 같은 서식지의 환경에 따라 좌우된다고 하겠습니다. 이 지역에서는 썰물 때 노출되는 시간에 따라 구역별로 생물의 종류가 다르게 나타납니다. 이를 대상분포라고 하며, 바다에서 육지로 갈수록 공기 중에 노출되는 시간이 길어져 해조류나 저서동물의 종류는 적어지게 됩니다. 해조류인 경우 조간대 중부 이상에서는 크기가 작아지며, 절대적으로 수분이 필요하기 때문에 살아남기 위해서는 나름대로의 특이한 적응을 해야 합니다. 그러나 저서동물인 경우는 종 사이에 경쟁이 치열하지 않아 생존에 유리한 면도 있습니다.

▲ 공기에 노출 시간이 긴 조건에서 살아가는 해조류(패)

또한 조간대는 밀물 때에 어류나 갑각류, 연체동물의 산란장으로서 중요한 역할을 하는 지역이기도 합니다. 아울러 여러 곳에서 유입된 유기물을 갯지렁이 같은 저서동물이 소비하여 무기물로 변화시키는 환경 정화의 기능도 담당하고 있습니다.

　　해양에서도 수많은 생물들이 각자의 생활방식에 따라 다른 생물과 복잡한 관계를 가지면서 생태계를 유지하고 있습니다. 여기서 해양생태계라 함은 바다의 특정지역에서 생물이 그 주변 환경과 상호작용하면서 균형과 조화를 이루고 있는 것을 말합니다. 흔히 해양생태계라고 하면 규모가 큰 대양의 규모로 여기는 경향이 있으나 다양한 해양생물을 관찰할 수 있는 조수웅덩이와 같이 작은 규모의 것도 생태계라고 할 수 있습니다.

　　아래 그림에서 보듯이 바다에서 식물성 미세조류나 해조류는 광합성을 하여 스스로 영양물질을 만들기 때문에 생산자라고 합니다. 이러한 해양식물들은 스스로 양분을 만들지 못하는 1차 소비자인 고등이나 다른 무척추동물들의 먹이가 되며, 1차 소비자는 2차 소비자인 어류와 같은 척추동물에게 먹히게 됩니다. 해양생물들 사이에는 이와 같이 먹고 먹히는 관계가 마치 사슬처럼 연결되어 '먹이사슬'을 이루고 있습니다.

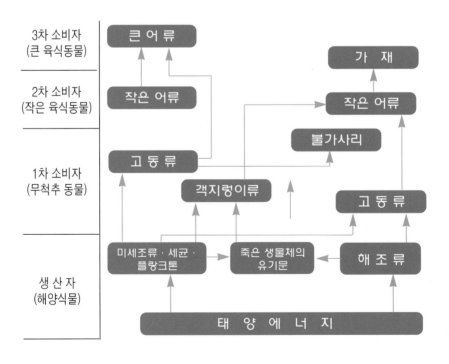

▲ 해양생물의 먹이사슬

먹이사슬은 해양식물의 수가 많아야 이를 먹는 소비자가 살 수 있기 때문에 상위 단계로 갈수록 생물의 수가 줄어들게 되는 피라미드 모양을 하게 되는데, 이를 '먹이 피라미드'라고 부릅니다. 만일 한 종이 사라지면 그 종과 관계된 다른 생물들이 영향을 입게 됩니다. 물론 각 단계에서 소유하는 에너지의 양도 개체수가 적은 상위 단계로 올라갈수록 적어지게 됩니다.

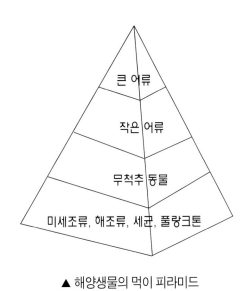

▲ 해양생물의 먹이 피라미드

또한 먹이사슬이 여러 개 얽혀서 마치 그물처럼 보이는 것을 '먹이그물'이라고 합니다. 이는 한 종이 여러 먹이 단계에 속할 때, 즉 한 종이 여러 종을 먹거나 여러 종에게 먹힐 때 형성됩니다. 먹이그물은 복잡할수록 종 다양성이 안정되는 경향을 보이는데, 만일 먹이가 부족해지면 다른 먹이를 얻을 수 있게 되어 살아갈 수 있게 되는 것입니다.

생산자, 1차 소비자나 2차 소비자들이 죽게 되면 이를 분해하는 세균이나 곰팡이와 같은 분해자가 무기물로 만들어 토양을 비옥하게 만듭니다. 이러한 무기물은 다시 생산자가 이용하게 되면서 에너지가 순환하게 되는 것입니다. 바다에서 생물을 관찰하거나 채집할 때에도 뒤집었던 돌을 다시 원래의 위치로 돌려놓으면 좋은데, 이는 생태계에서 무기환경을 잘 유지하기 위함입니다. 따라서 생태계가 건강하게 유지되려면 무기환경과 생산자, 소비자 및 분해자의 역할이 잘 이루어져야 합니다.

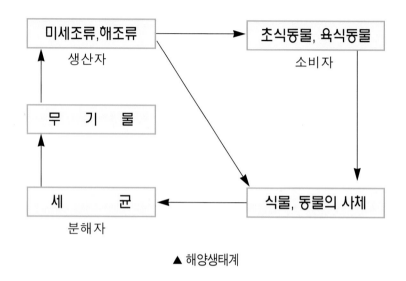

미세조류,해조류 → 초식동물, 육식동물
생산자   소비자

무 기 물

세   균   식물, 동물의 사체
분해자

▲ 해양생태계

2. 바다의 환경오염

바다는 매우 넓은 면적을 차지하고 있어서 아무리 버려도 다 수용할 것 같고, 해양생물을 마구 잡아도 풍부하게 남아 있을 것 같은 공간입니다. 그러나 지금까지 청정했던 제주 바다가 최근 개발에 따른 파괴와 오염으로 인하여 심한 몸살을 앓고 있습니다. 그만큼 해양생물의 생존 자체가 위협받고 있다고 볼 수 있습니다. 생태계 파괴의 주범은 인간, 즉 우리들 자신인 것입니다. 이에 대한 대표적인 예로는 백화현상(갯녹음 현상), 해안도로 개설, 무분별한 해양생물의 남획, 가정 하수나 공장 폐수와 같은 오염물질의 유입 등으로서 점차 사회문제로 대두되고 있습니다.

백화현상이란 회백색 석회질 성분의 산호조류가 번성하여 바위를 덮어씌우는 현상으로 바위에 다른 해조류들을 붙지 못하게 하여 이를 먹이로 취하는 패류나 어류가 살 수 없는 환경으로 만들어 버립니다. 백화현상의 원인은 아직까지도 분명하지 않지만, 지구의 온난화와 대기공해로 인한 수온의 상승이 가져온 결과로 추측되고 있습니다. 요즘에는 이를 극복하기 위한 바다목장의 일환으로 인공 어초를 만들고 여기에 인공배양된 해조류들을 심어 바다에 투입하는 복원사업이 벌어지고 있습니다.

▲ 백화현상

   근래에 와서 제주도의 해안선을 따라 해안도로를 많이 개설하였습니다. 물론 관광객을 위해서는 좋은 일이기도 합니다. 그렇지만 해안도로의 개설은 해양생물의 산란장과 서식처가 황폐되는 연안해역의 생태적 변화를 초래할 수 있으며, 해안에 사는 생물의 수가 감소될 뿐만 아니라 해양 환경의 오염을 가중시켜 연안어장의 피해를 입히는 요인이 될 수 있습니다. 또한 해안도로는 빗물에 씻겨 해안으로 내려오는 육상의 토양이나 토사의 유입을 저지함으로서 해안지형뿐만 아니라 해저지형의 변화를 초래하여 해저 퇴적물과 수질의 변화를 가져옴으로서 해양생태계에 나쁜 영향을 줄 수 있는 것입니다.

▲ 해안도로를 만들기 위해 해안을 매립하는 공사

　제주도의 해안지역은 과거의 화산활동으로 인하여 단물인 용천수가 많이 나오고, 육상의 물질들이 빗물에 씻겨 바다로 유입되는 경계입니다. 그런 만큼 해안도로를 만들 때에는 바닷물과 민물이 잘 교차되도록 여러 곳에 통로를 만들어야 합니다. 아래 사진처럼 육지와 접한 내부구역은 물의 흐름이 원만하지 못하여 고둥이나 갯지렁이 등과 같은 해양생물들이 많이 사라졌습니다. 앞으로 해안도로를 개설할 때에는 다각적인 연구와 함께 좋은 사례들을 참고하여 보다 효율적인 방법을 도입하는 것이 바람직합니다.

　우리의 식탁을 보면 과거보다 해산물이 많이 올라오는 것을 볼 수 있습니다. 이러한 해산물의 수요 증가에 따른 해양생물의 무분별한 남획이 이루어지고 있어서 해양생물의 수가 점차 감소하고 있습니다. 잘 알려진 예로는 고래의 남획으로 어떤 종은 이미 멸종되었거나 수가 급격히 감소되어 멸종 위기에 처한 종들이 있습니다. 이러한 남획의 방지책으로 산란기에는 조업을 금지하거나 일정 크기 이상을 잡도록 하여 어린 개체를 놓아 주는 대책이 필요하다고 하겠습니다.

▲ 해안도로의 개설로 인한 해안지역의 생태계 교란

　　아울러 오늘날의 어업은 잡는 어업에서 기르는 어업으로의 전환이 많이 이루어지고 있습니다. 우리나라의 양식으로 인한 생산량은 전체 어업 생산량의 30% 정도를 차지하고 있습니다. 이로 인해 날씨가 나빠도 해산물을 맛볼 수 있다는 점에서 다행이라고 생각됩니다. 근래에 들어서 제주도의 해변에 어류나 패류를 양식하기 위한 양식장들이 많이 생겨났습니다. 그러나 양식장의 폐수로 인한 주변해역의 생물은 감소하고 있는 실정이어서 저오염 사료를 개발하거나 환경 친화적인 양식 기술 개발이 무엇보다도 중요하다고 하겠습니다.

▲ 해양생물 양식장

▲ 양식장에서 바다로 방류되고 있는 하수

또한 가정하수나 공장폐수, 생활쓰레기 등의 오염물질들이 바다로 유입되면서 예전에 바닷가에서 많이 볼 수 있었던 게나 갯강구와 같은 해양생물의 수가 급격히 줄고 있습니다. 뿐만 아니라 선박에서 버려지는 쓰레기나 그물을 띄우기 위한 스티로폼, 플라스틱 등과 같은 어구나 어망이 해안가로 밀려와 뒤덮는 경우도 많이 발생하고 있습니다. 물론 생활수준이 나아지면서 나오는 쓰레기나 하수의 양이 많아지는 것은 당연합니다. 문제는 폐기물에 대한 정화를 제대로 하지 않고 내보냄으로서 해양생물의 체내에 오염물질이 축적되게 되고 먹이사슬을 통하여 급기야는 인간이 먹게 되는 것입니다. 따라서 해양오염에 대한 국민의식은 무엇보다도 중요합니다. 우선 쓰레기를 가급적 버리지 말아야 하고, 버렸을 경우 한 곳에 모아 소각시켜야 하겠습니다.

▲ 해안가에 생활 쓰레기를 버린 모습

▲ 먼 바다에서 밀려온 어구와 어망

▲ 해양쓰레기 수거 캠페인

여러 가지 유독 화학물질에 의한 피해 사례도 많이 알려졌습니다. 그 중에서 선박에 칠하는 페인트의 한 성분인 TBT는 선박에 부착하는 부착생물을 막기 위해 첨가하는 물질로서, 이러한 물질은 항만이나 조선소 부근의 대수리와 같은 패류의 성비를 변화시켜 성적 불균형을 유발하고 급기야는 생태계를 교란시키기도 합니다.

▲ 어항의 수질오염

　그런가 하면 유조선이 침몰하거나 선박에서 버려지는 기름은 해수면에 막을 형성하여 식물플랑크톤의 광합성을 방해합니다. 또한 저서생물의 호흡을 저해하여 질식시키거나 독성물질을 축적시켜 죽게 하기도 합니다.

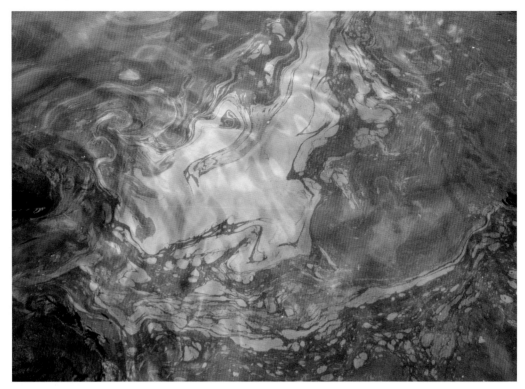

▲ 해안에 버려진 기름띠

여러분이 잘 알고 있는 이웃나라 일본에서의 수은 중독으로 인한 미나마타병, 카드뮴 중독으로 인한 이따이이따이병 등은 수질오염이 인간에게 어떠한 영향을 미치고 있는지를 알려주는 좋은 사례인 것입니다.

3. 개발과 보전

우리에게 환경오염이 주는 시사점은 무엇입니까. 또한 자연을 개발할 것인가, 보전할 것인가에 대한 문제를 던져줍니다. 이에 대한 해답은 1992년 브라질의 리오데자네이로에서 열린 유엔환경개발회의에서 채택한 의제(agenda)에서 얻을 수 있습니다. 그것은 '지속가능한 개발'입니다. 즉 얼마나 생물을 잘 보존해 가면서 이용하느냐의 의미를 담고 있습니다. 환경과 생물이 조화를 이룬 해양생태계는 안정되고 깨끗하며 생물다양성을 유지할 수 있는 지속가능한 바다라고 볼 수 있습니다.

▲ 필자가 방문했던 브라질 리오데자네이로의 해안 모습

여기서 우리가 주목해야 할 것은 자연의 생태계는 한 번 파괴된 다음에 다시 복원되려면 상당한 시간이 걸린다는 것입니다. 오늘을 사는 우리 세대들은 이 시대의 자연환경을 잠시 빌려 쓰고 있을 뿐 이 소중한 자연유산을 후손들에게 넘겨줄 의무 또한 있는 것입니다. 결국 인위적으로 인한 해양생태계의 파괴는 부메랑이 되어 다시 인간에게 돌아온다는 진리를 우리는 최근의 역사 속에서도 너무나도 많이 보아 왔습니다.

조간대 상부 위의 암석에는 지의류나 이끼류가 암석을 덮고 있는 모습을 종종 볼 수 있습니다. 이는 환경오염을 알려주는 지표종들로서 이들의 존재는 아직까지 제주 해변의 생태계가 건강함을 보여주는 증거로 제시될 수 있습니다.

▲ 바닷가의 암석을 덮고 있는 지의류

예전에 무성했던 제주도의 바닷가식물들을 조경에 쓸 목적으로 집 근처로 옮겨 심은 것들이 있습니다. 대표적인 예로는 황근, 아왜나무, 까마귀쪽나무 등을 들 수 있는데, 근래에 들어 제주도에서는 이러한 희귀 바닷가식물에 대한 복원 사업을 추진하고 있는 일은 실로 다행이라고 하겠습니다. 특히 갯대추는 우리나라에서 제주도에만 자생하는 것으로 번식시켜 보전해야 하겠습니다.

▲ 제주도의 바닷가에서 멸종위기에 처한 황근 자생지 복원사업

▲ 황근이 복원되어 자라고 있는 어린 나무들의 모습

체험학습 활동지의 예시(저학년용)

학습주제	바다의 환경에 대하여 알아봅시다				
장　소	바닷가	월일		날씨	

■ 바닷가의 환경을 관찰하면서 다음 활동을 하여 봅시다

1. 찾아간 바닷가의 주변 환경을 그림이나 글로 나타내어 봅시다.

2. 찾아간 곳의 바닷가 환경은 암석, 자갈, 모래, 펄 중 어느 해안에 속합니까?

3. 조수웅덩이를 찾아 그 환경을 그림이나 글로 표현해 봅시다.

4. 용천수를 찾아보고 그 환경을 그림이나 글로 표현해 봅시다.

학년　반	이름

체험학습 활동지 (앞장에서 계속)

5. 어떤 종류의 암석이 가장 많았나요? 그 암석의 특징을 간단히 적어보세요.

6. 제주 바다에 영향을 주는 해류는 어떤 것이 있나요?

7. 바닷물의 맛을 본 후, 짠 이유를 간단히 적어보세요.

8. 밀물과 썰물이 생기는 이유를 간단히 적어보세요.

9. 밀물이 온 후 다음 밀물이 오는 시간은 대략 어느 정도 걸릴까요?

학년	반	이름

체험학습 활동지의 예시(고학년용)

학습주제	바다의 환경에 대하여 알아봅시다				
장 소	바닷가	월일		날씨	

바닷가의 환경을 관찰하면서 다음 활동을 하여 봅시다

1. 찾아간 바닷가의 주변 환경을 그림이나 글로 나타내어 봅시다.

2. 조수웅덩이는 생물이 다양한데, 그 이유는 무엇이라고 생각합니까?

3. 바다가 우리에게 주는 좋은 점을 3가지 들어보세요.

4. 염분이 50‰이라는 말은 무엇을 의미하나요?

5. 바다가 생명체의 고향임을 알려주는 증거를 2가지만 적으세요.

6. 지구의 물은 염분의 농도에 따라 세 가지로 구분합니다. 그 세 가지를
   적으세요.

학년	반	이름

체험학습 활동지(앞장에서 계속)

7. 날마다 50분 정도 밀물과 썰물 시간이 늦어지는 이유는 무엇입니까?

8. 바닷물이 가장 멀리 빠져 나갈 때는 달의 모양이 어떤 때 입니까?

9. 해양생물 분포에 영향을 주는 비생물적 요인을 2가지만 적으세요.

10. 난류와 한류가 만나는 곳에는 풍부한 어장이 형성되는데, 그 이유는 무엇이라고 생각합니까?

11. 황해는 조석간만의 차이가 큽니다. 이를 극복하기 위해 인천에 설치한 것은 무엇입니까?

12. 해류가 인근 지역에 미치는 영향을 2가지만 쓰시오.

| 학년 | 반 | 이름 |

체험학습 활동지의 예시

학습주제	바다의 해양오염에 대하여 알아봅시다				
장 소	바닷가	월일		날씨	

■ 바닷가의 해안을 관찰하면서 다음 활동을 하여 봅시다

1. 찾아간 바닷가의 주변 환경을 그림이나 글로 나타내어 봅시다.

2. 가정하수나 공장폐수가 바다로 흘러 들어오는 곳이 있었나요?

3. 가정하수나 공장폐수의 오염을 방지하기 위한 대책은 무엇인가요?

4. 양식장의 폐수가 바다로 흘러 들어오는 곳이 있었나요?

5. 양식장의 폐수 오염을 방지하기 위한 대책은 무엇인가요?

6. 바닷가에는 어떤 쓰레기가 가장 많았나요?

7. 찾아간 바닷가의 깨끗한 정도를 상·중·하로 표현해 보세요.
   그렇게 생각한 이유는 무엇인가요?

학년 반	이름

체험학습 활동지(앞장에서 계속)

8. 백화현상이란 무엇을 의미하나요?

9. 해안도로가 해양생물에 미치는 영향을 2가지만 쓰세요.

10. 해안도로가 해안지형에 미치는 영향을 2가지만 쓰세요.

11. 해안도로를 개설할 때에 고려해야 할 점은 무엇인가요?.

12. 유조선이나 선박의 기름이 해양생물에 미치는 영향을 적어 봅시다.

13. 수질오염이 인간에 미치는 영향 중 잘 알려진 예를 2가지만 써 보세요.

14. 해양생물의 무분별한 남획을 방지하기 위한 대책은 무엇인가요?

학년	반	이름

부 　 록

1. 체험학습 지도상의 유의점

　체험학습을 위해서 인솔교사는 여러 가지로 계획하고 준비해야 할 것들이 많습니다. 먼저 인솔교사는 학생들에게 체험학습을 가는 이유와 목적을 알려주어야 합니다. 즉 학생들이 문제의식을 가지고 관찰에 임해야만 체험학습의 효과를 올릴 수 있을 뿐만 아니라 학습에 흥미를 갖게 되고 창의적으로 사고할 수 있으며 계속하여 자연현상을 탐구하려는 의욕을 갖게 됩니다. 만일 그렇지 않을 경우 학생들은 소풍 정도로 생각하여 놀러 가는 것으로 생각할 수 있습니다. 교실에서 배운 학습 내용을 실제로 확인하거나 앞으로 배울 내용을 미리 학습한다는 취지의 내용이면 좋고, 활동지를 준비하여 현장에서 활동을 하면서 학습할 수 있도록 해야 합니다. 활동지의 내용은 너무 많은 것을 보게 하거나 지나치게 필기를 시키는 것은 좋지 않습니다.

　바다의 환경은 여러 가지 위험 요소를 갖고 있기 때문에 담당교사는 사전에 학습장소를 답사하여 지형을 미리 조사해 두어야 하며, 바람이 있거나 비가 오는 날은 수면 아래가 잘 보이지 않고 바닥이 미끄럽기 때문에 좋지 않습니다. 또한 썰물과 밀물 시간을 알면 편리한데, 보통 썰물 시간에서 전후 2시간 정도가 체험학습을 하기에 가장 적절합니다. 밀물과 썰물 시간은 신문이나 한국해양연구원(www.nori.go.kr) 등에서 제공받을 수 있습니다.

　생물 체험학습이 갖는 두 가지 중요한 점은 생물 관찰·채집 및 생태관찰입니다. 체험학습장에 가서 학생들에게 관찰이나 채집요령을 알려주는 것도 좋지만, 사전에 그 요령을 숙지시키는 것이 더 효과적입니다. 왜냐하면 야외의 열려진 공간에서는 설명에 대한 집중력이 떨어지기 때문입니다. 사전에 지도해야 할 내용은 해양생물을 관찰하고 채집할 때 작은 생물은 놓치는 경우가 많아 눈여겨 보아야 하며, 조수웅덩이 같은 곳은 엎드려서 자세히 관찰하도록 해야 합니다. 해조류인 경우는 부착기부터 전체를 완전히 채집해야 하며, 큰 개체는 상·중·하의 일부분씩 채집하도록 합니다. 같은 종류라도 장소에 따라 색이 다를 수 있으므로 2-3개 정도 더 채집하는 것이 좋습니다. 보다 효과적인 관찰이나 채집을 위해서는 개인적으로 하는 것보다 모둠별로 할당하여 의논하고 협동하는 활동이 되도록 합니다.

　조간대의 생물에 대한 생태관찰은 어떠한 높이에 분포하며, 바닥이나 암석에서 붙어사는 경우 그 기반은 어떤 것인가에 대해 자세히 살필 필요가 있습니다. 또한 좁은 범위에 있어도 바위의 어떤 면에 붙어 있으며 파도를 잘 받는 곳인가, 아니면 보호된 곳인가를 알아보도록 합니다. 해변의 식물에 대한 생태관찰은 바닷물과 염분의 영향을 어느 정도 받으며, 뿌리내린 기반은 어떤지, 육상식물이 사는 환경과는 어떤 점에서 다른지 등을 살피도록 지도해야 합니다.

2. 해양생물 채집 및 표본 만들기

생물채집은 실험실내에서의 실험으로 습득하기 어려운 여러 가지 생물에 대한 생육지, 외부 형태 및 습성 등과 같은 식별 형질들을 야외에서 직접 관찰하고 실습에 필요한 다양한 생물들을 올바르게 채집하며 정확하게 동정하는 방법을 배우는데 있습니다. 더 나아가 채집된 다양한 생물들을 표본으로 만드는 과정을 익히는데 그 목적이 있습니다. 또한 이러한 과정을 통하여 자연계 내에서의 생물의 위치를 올바로 이해함으로써 생물을 보호하는 마음을 기르게 됩니다.

2.1 식물 채집

◆ 시기 및 준비물
우리나라는 4계절이 뚜렷하여 식물채집이 용이하나 겨울철에는 춥고 낙엽이 지는 3월~11월, 즉 봄, 여름, 가을철에 채집하는 것이 좋습니다. 준비물로는 야책, 신문지, 전정 가위, 뿌리삽, 번호 종이, 이름표, 비닐봉투, 끈, 수첩, 필기구, 배낭, 채집통, 카메라, 비상약품 등이 필요합니다.

◆ 표본 만들기
우선 식물채집의 목적과 채집물의 용도를 명확하게 설정하여 무분별한 채집이 되지 않도록 해야 합니다. 현장에서 채집된 식물은 비닐봉투에 넣고 번호 종이로 묶거나 유성펜을 이용하여 겉면에 채집일, 채집지 및 기타 특이한 사항을 기록하고 학교로 운반합니다. 학교로 가지고 온 식물의 불필요한 부위들은 제거하여 대지(39x27cm)에 알맞은 크기로 만듭니다. 이때 식물체 뿌리에 부착된 흙은 잘 털어야 합니다. 식물을 신문지 사이에 넣고 사이마다 흡수지를 끼워 건조시킵니다. 전문적으로 표본을 만드는 경우는 건조를 위하여 압착기나 건조기를 이용하나 학생들인 경우는 표본제작을 배우는 과정이기 때문에 신문지를 쌓아서 여러 권의 책을 올려놓아도 좋습니다. 다음으로 건조된 식물을 대지위에 올려놓고 투명한 테이프나 풀로 식물을 붙입니다. 식물도감을 이용하여 식물명을 찾은 다음, 대지의 오른쪽 밑에 이름표에 식물명, 채집일시, 장소, 채집자 등을 기록합니다.

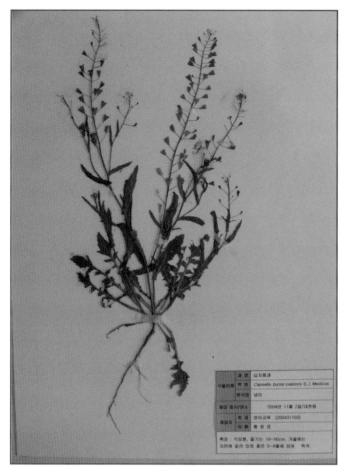

▲ 식물표본

2.2 해조류 채집

◆ 시기 및 준비물

여름철을 제외하고는 해조류의 성장이 좋은 10월~6월, 즉 가을, 겨울, 봄에 채집하는 것이
좋습니다. 해조류가 가장 번성하는 시기는 3월~6월로서 채집에는 최적기라고 할 수 있습니다.
준비물로는 양동이, 장화, 호미, 칼, 핀셋, 돋보기, 표본병, 포르말린 등이 필요합니다.

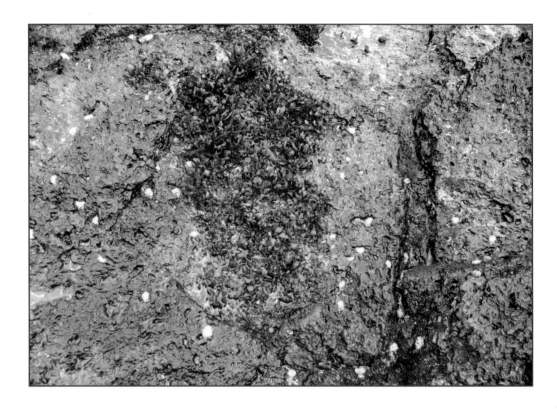

▲ 성장이 약한 8월말의 톳

◆ 표본 만들기

　해조류는 육상식물과는 달리 유연한 것이 많으므로 표본을 만들기가 그렇게 쉽지 않습니다. 해조류에 따라 건조표본이나 액침표본을 만듭니다. 액침표본인 경우는 바닷물에 5-10%의 포르말린이나 70% 알코올을 넣고 표본병에 보관합니다. 액침표본은 시간이 지나면서 변색 또는 탈색되는 단점은 있으나 내부 구조가 잘 보존되는 장점이 있습니다.

　건조표본은 외형이나 색이 보존되지만 내부구조가 파괴되는 결점이 있습니다. 건조표본을 만들기 위해서는 해조류를 바닷물에 넣고 학교로 가져와서 수돗물로 잘 씻은 다음, 물에서 잘 편 후 대지로 떠내어 음지에서 건조시키면 됩니다. 해변식물의 요령처럼 해조류 도감을 이용하여 식물명을 찾은 다음, 대지의 오른쪽 밑에 이름표를 붙입니다.

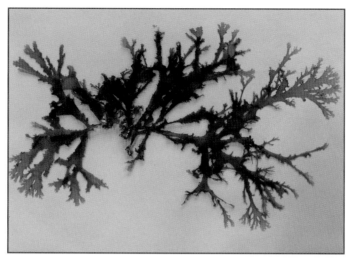
▲ 해조류 건조표본

▲ 해조류 액침표본

2.3. 저서무척추동물 채집

◆ 시기 및 준비물

계절에 관계없이 4계절 모두 저서동물을 채집하는데 무리가 없으나, 추운 겨울철에도 거친 파도에 밀려온 비교적 깊은 바다에 사는 패류들을 얻을 수 있습니다. 준비물로는 양동이, 장화, 호미, 칼, 핀셋, 돋보기, 표본병, 포르말린 등이 필요합니다.

◆ **표본 만들기**

　해조류처럼 저서동물의 유형에 따라 건조표본과 액침표본을 만들 수 있습니다. 패류와 같이 껍데기가 단단한 저서동물들은 썩지 않도록 삶아서 내용물을 꺼낸 후 껍데기를 건조하여 보관하면 됩니다. 이외의 유연한 동물들은 액침표본을 만드는데, 바닷물에 5-10%의 포르말린이나 70% 알코올을 넣고 표본병에 보관하면 됩니다. 표본이 잘 보이도록 하기 위해 유리판이나 아크릴판에 붙여 표본병 안에 세우기도 합니다.

▲ 패류표본

▲ 저서무척추동물의 액침표본

참고문헌

강제원, 한국동식물도감 제8권 식물편(해조류), 1968, 삼화출판사.

권오갑 외, 원색한국패류도감, 1993, 아카데미서적.

김문홍, 제주식물도감, 1992, 태화인쇄사.

김웅서, 해양 생물, 1998, (주)대원사.

김웅서, 제종길 엮음, 해양생물의 세계, (주)삼신인쇄.

김일회, 한국동식물도감 제38권 동물편(따개비류, 공생성 요각류, 바다거미류), 1998, 국정교과서주식회사.

김종문, 갯벌탐사도감, 2004, (주)예림당.

김훈수, 한국동식물도감 제14권 동물편(집게 · 게류), 1973, 삼화서적주식회사.

노분조, 한국동식물도감 제20권 동물편(해면 · 히드라 · 해초류), 1977, 삼화서적주식회사.

민덕기 편저, 한국패류도감, 2004, 도서출판 한글.

백의인, 한국동식물도감 제31권 동물편(갯지렁이류), 1989, 국정교과서주식회사.

손민호 · 홍성윤, 바위해변에 사는 해양생물, 2003, 풍등출판사.

송준임, 한국동식물도감 제39권 동물편(산호충류), 1994, 국정교과서주식회사.

신숙 · 노분조, 한국동식물도감 제36권 동물편(극피동물), 1996, 국정교과서주식회사.

이영노 외, 제주자생식물도감, 2001, 교학사.

이영노, 한국식물도감, 2002, 교학사.이창복, 원색대한식물도감 상 · 하, 2003, 향문사.

제종길 외, 우리바다 해양생물, 2002, 도서출판 다른세상.

최병래, 한국동식물도감 제33권 동물편(연체동물 II), 1992, 국정교과서주식회사.

홍성윤 외, 한국해양무척추동물도감, 2006. 아카데미서적.

해양생물 이름 찾기

ㄱ

가는갯능쟁이 / 274
가는줄연두군부 / 50
가리맛조개 / 153
가무락조개 / 152
가시국화조개 / 134
가시우무 / 231
가죽그물바탕말 / 208
각시고둥 / 75
각시수염고둥 / 97
갈게 / 37
갈고둥 / 79
갈고리석회관갯지렁이 / 38,157
갈대 / 257
갈래잎 / 230
갈매기무늬붉은비늘가리비 / 138
갈색꽃해변말미잘 / 32,44
갈색띠매물고둥 / 101
갈색점줄떡조개 / 150
갈색포도고둥 / 115
감국 / 273
감태 / 196,200,215
개량조개 / 141
개우무 / 223
개울타리고둥 / 74
개조개 / 147
개해삼 / 186
갯가게붙이 / 168
갯강구 / 161
갯강아지풀 / 257
갯강활 / 275
갯개미자리 / 251,275
갯개미취 / 272
갯겨이삭 / 258
갯그령 / 258
갯금불초 / 266
갯기름나물 / 276
갯까치수영 / 265
갯능쟁이 / 276
갯대추 / 277
갯메꽃 / 267
갯무 / 277
갯방풍 / 278
갯사상자 / 278
갯쑥부쟁이 / 267
갯씀바귀 / 268
갯완두 / 279

갯잔디 / 259
갯장구채 / 279
갯주걱벌레 / 161
갯질경이 / 268
거머리말 / 247,259
거북손 / 162
검은고랑따개비 / 117
검은서실 / 236
검은점갈비고둥 / 72
검은큰따개비 / 164
검은테군소 / 118
검정꽃해변말미잘 / 44
검정해변해면 / 41
격판담치 / 125
고둥끈말미잘 / 46
고랑따게비 / 116
고리매 / 214
고운점무늬무륵 / 105
괭생이모자반 / 217
구름무늬돼지고둥 / 102
구멍갈파래 / 205
구멍따개비 / 163
구멍삿갓조개 / 66
국자가리비 / 136
군부 / 51
군소 / 117
굴 / 131
굴아재비 / 132
굵은줄격판담치 / 124
그물무늬무륵 / 106
그물바구니 / 213
금게 / 170
긴갯민숭이 / 121
긴밤색띠고둥 / 112
길쭉예쁜이해면 / 42
까마귀쪽나무 / 274
까막살 / 227
깜장각시고둥 / 76
깜장짜부락고둥 / 79
꼬마군부 / 51
꼬마긴눈집게 / 168
꼬리긴뿔고둥 / 109
꼬마부채게 / 171
꼬막 / 127
꼬시래기 / 232
꽃고랑따개비 / 116
꽈배기모자반 / 216

ㄴ

나문재 / 247,280
나팔고둥 / 96
낙지 / 156
낚시돌풀 / 269
날씬한갈색긴배꼽고둥 / 93
남방얼룩고둥 / 76
남방울타리고둥 / 77
남색꽃갯지렁이 / 160
납작게 / 172
납작고깔고둥 / 84
납작기생고깔고둥 / 84
납작배무래기 / 59
납작소라 / 70
납작접시조개 / 144
납작파래 / 206
낮은구멍삿갓조개 / 66
넓은띠긴배꼽고둥 / 94
넓은입고둥 / 77
넓은입배고둥붙이 / 90
넓패 / 211
높은탑큰구슬우렁이 / 92
누더기삿갓조개 / 55
누은분홍잎 / 238
눈송이게오지 / 88
눈알고둥 / 69

ㄷ

다정큼나무 / 280
다촉수납작벌레 / 47
담황줄말미잘 / 45
대복 / 151
대수리 / 101
대양조개 / 144
대추고둥 / 110
대추두더지고둥 / 114
댕가리 / 82
덩굴뱀고둥 / 86
덮인배꼽큰구슬우렁이 / 91
도깨비고비 / 256
돌가시나무 / 281
돌기해삼 /185
돌조개 / 126
동그라미석회관갯지렁이 /157
동다리 / 81
돼지고둥 / 102
두갈래민꽃게 / 176

두눈격판담치 / 124
두드럭고둥 / 100
두드럭배말 / 58
두토막눈썹참갯지렁이 / 38,158
두툼빛조개 / 146
둘레게발혹 / 224
둥근돌김 / 221
둥근떡조개 / 148
둥근배고둥 / 85
둥근배무래기 / 59
둥근전복 / 64
땅채송화 / 251,281
떡청각 / 208

ㅁ
마대오분자기 / 62
마디잘록이 / 235
만두멍게 / 187
만월떡조개 / 149
말똥성게 / 183
말전복 / 63
매끈이고둥 / 104
매끈이긴뿔고둥 / 109
매생이 / 204
맥문아재비 / 290
맵사리 / 97
멍게 / 39,186
명주고둥 / 71
명주개량조개 / 142
명주도박 / 229
모란갈파래 / 205
모래지치 / 269
모로우붉은실 / 238
모새달 / 251,260
못난이국화조개 / 133
몽우리청각 / 207
무늬무륵 / 105
무늬발게 / 172
무륵 / 106
무절석회조류 / 239
문어 / 155
문주란 / 261
미끌도박 / 229
미더덕 / 187
미역 / 215
미역쇠 / 214
민무늬납작벌레 / 33,46
민조개삿갓 / 162

ㅂ

바위게 / 173
바위굴 / 130
바위수염 / 212
바위주름 / 210
바지락 / 35,150
바퀴고둥 / 68
바퀴밤고둥 / 73
반달배꼽구슬우렁이 / 90
발굽애기산호말 / 225
밤고둥 / 71
밤색줄고둥 / 111
밤색띠고둥 / 111
밤색무늬조개 / 128
밤송이거미불가사리 / 179
방게 / 173
방석고둥 / 77
방패연잎성게 / 182
배무래기 / 59
뱀거미불가사리 / 178
번행초 / 282
벌레군부 / 53
별게오지 / 88
별불가사리 / 181
볏붉은잎 / 230
보라굴아재비 / 133
보라바퀴해삼 / 185
보라성게 / 38,184
보라판멍게 / 188
보라해면 / 32,41
보라해삼붙이 / 184
보리무륵 / 107
보리밥나무 / 283
보석고둥 / 73
보석알좁쌀무늬고둥 / 108
복털조개 / 126
볼록별불가사리 / 180
부들 / 253,261
부로치납작벌레 / 47
부리떡조개 / 148
부채게 / 171
부챗말 / 209
부챗살 / 234
북방대합 / 142
북방물레고둥 / 103
북방전복 / 64
분부챗말 / 210
분홍개미자리 / 283
분홍바탕흰점가리비 / 139
분홍잎작은수정고둥 / 99
분홍잎주름뿔고둥 / 96

불등풀가사리 / 226
불레기말 / 212
불레기말사촌 / 213
붉은까막살 / 227
붉은속떡조개 / 149
붉은속비단조개 / 143
브롯지연잎성게 / 183
비늘비단가리비 / 138
비단가리비 / 137
비단고둥 / 78
비단군부 / 30,52
비틀이고둥 / 82
빗개가리비 / 130
빛조개 / 145
빨강꼭지고둥 / 74
빨강등거미불가사리 / 179
빨강따개비 / 165
빨강불가사리 / 181
빨강줄군부 / 51
뿔두드럭고둥 / 100
뿔물맞이게 / 175

ㅅ
사각게 / 174
사데풀 / 270
사이다가시우무 / 231
사철나무 / 284
산호말 / 225
삼각따게비 / 165
삼태기개가리비 / 128
상아헛뿔납작벌레 / 47
상어껍질별벌레 / 34,48
세뿔고둥 / 98
선인장 / 284
섬갯장대 / 285
소라 / 69
소쿠리조개 / 141
쇠털껍질고둥 / 103
수송나물 / 285
수정고둥 / 85
순비기나무 / 253,271
시볼트삿갓조개 / 65
쌍발이서실 / 237

ㅇ
아기바지락 / 151
안점꽃갯지렁이 / 160
알쏭이모자반 / 216
암대극 / 282
애기가시덤불 / 232

애기달맞이꽃 / 286
애기돌맛조개 / 125
애기비단게 / 170
애기삿갓조개 / 56
애기우뭇가사리 / 221
애기털군부 / 53
어긋물린새꼬막 / 127
어깨혹청자고둥 / 112
얼굴예쁜이비늘갯지렁이 / 158
엇가지풀 / 236
연두군부 / 50
연두끈벌레 / 33,48
염주괴불주머니 / 286
오디짜부락고둥 / 80
오분자기 / 62
옴부채게 / 174
왕잔디 / 262
왕전복 / 63
왜곱슬거미불가사리 / 178
왜문어 / 36, 155
외톨개모자반 / 219
우묵사스레피 / 287
우뭇가사리 / 201,222
유리고둥 / 70
이랑줄조개 / 129
이색구슬우렁이 / 91
입주름뿔고둥 / 98
잎꼬시래기 / 233

ㅈ
자주덩굴민백미 / 266
작은갈색긴배꼽고둥 / 93
작은구슬산호말 / 224
작은동다리 / 81
작은비단백합 / 147
점구슬우렁이 / 94
점박이게오지 / 87
점점갯민숭달팽이 / 120
점줄구슬우렁이 / 94
제주게오지 / 89
조개낙지 / 156
조개삿갓 / 163
조무래기따개비 / 37,164
좀보리사초 / 264
좀털군부 / 52
좁은개가리비 / 129
좁쌀무늬고둥 / 107
좁쌀무늬총알고둥 / 83
주름가시굴 / 131
주름구멍삿갓조개 / 65

주름방사륵조개 / 140
주름뼈대그물말 / 209
주름입조개 / 152
주름진두발 / 235
주머니구슬우렁이 / 95
주황해변해면 / 41
죽순고둥 / 113
줄군부 / 50
지누아리 / 228
지의류 / 310
지중해담치 / 123
지채 / 249,262
지층이 / 219
진두발 / 234
진주배말 / 55
집게말미잘 / 45
짜부락고둥 / 80
짝귀비단가리비 / 136
짝잎모자반 / 217

ㅊ
참골무꽃 / 271
참곱슬이 / 233
참나리 / 263
참사슬풀 / 226
참집게 / 167
참풀가사리 / 222
창자파래 / 206
처녀게오지 / 31,89
천문동 / 263
천일사초 / 264
청각 / 207
총알고둥 / 83
침배고둥 / 86

ㅋ
큰가리비 / 139
큰고랑조개 / 140
큰구슬우렁이 / 92
큰대마디말 / 204
큰뱀고둥 / 87
큰비쑥 / 270
큰입술갈고둥 / 78
큰잎모자반 / 218
큰톱니모자반 / 220

ㅌ
타래고둥 / 104
탑뿔고둥 / 99
털군부 / 35,52

털눈비늘갯지렁이 / 159
털다리참집게 / 167
털도박 / 228
털머위 / 272
털탑고둥 / 108
태평양애기별불가사리 / 182
테두리고둥 / 29,57
테라마찌배무래기 / 60
톱니모자반 / 196,218
톳 / 220
퇴조개 / 143

ㅍ
파랑갯민숭달팽이 / 34,121
파래가리비 / 137
팔손이불가사리 / 180
패 / 211,297
팽이고둥 / 72
포도고둥 / 115
표주박고둥 / 95
풀게 / 175
풀색꽃해변말미잘 / 44

ㅎ
함박이 / 287
해국 / 273
해녀콩 / 288
해당화 / 289
해변말미잘 / 45
해송 / 256
해홍나물 / 248,288
햇빛굴아재비 / 132
혹돌잎 / 223
혹서실 / 237
혹줄청자고둥 / 113
홍도원추리 / 265
홍합 / 123
황근 / 289
황금갑옷비늘갯지렁이 / 159
황록해변해면 / 42
회색해변해면 / 42
흑색배말 / 56
흑자색긴빛조개 / 145
흰갯민숭달팽이 / 120
흰무늬배말 / 58
흰반점두더지고둥 / 114
흰색띠고둥 / 110
흰점분홍무늬조개 / 146
흰줄무늬삿갓조개 / 57

저자 약력

홍승호
· 제주교육대학교 과학교육과 교수
· 서울대 (이학박사)
· 미국 베일러의대 및 메릴랜드주립대 박사후연수
· 한국동물학회 이사, 한국유전학회 이사, 한국생물
　교육학회 이사, 한국초등과학교육학회 이사

오상철
· 전 제주교육대학교 과학교육과 교수
· 건국대 (이학석사)
· 한국수중과학회 부회장(현)
· 한국해양소년단 제주연맹 자문위원(현)
· CMAS Divemaster

해변생물 학습도감

발행일 ▶ 2009년 7월 31일 2판 발행

저 자 ▶ 홍승호·오상철
발행자 ▶ 심 혁 창
발행처 ▶ 도서출판 한 글
　　　　　서울특별시 서대문구 북아현동 221-7
　　　　　전화 02) 363-0301 / 362-3536
　　　　　FAX 02) 362-8635
　　　　　E-mail:simsazang@hanma.net
편집디자인 ▶ 신 우 준

등 록 ▶ 1980. 2. 20 제312-1980-000009호

정가 60,000원　　＊ 파본은 교환해 드립니다.
　　　　　　　　　　＊ 본서의 내용과 사진은 무단 복제를 금합니다.

ISBN 89-7073-263-2-06490